高速PCB设计经验规则应用实践

田学军 ◎ 编著

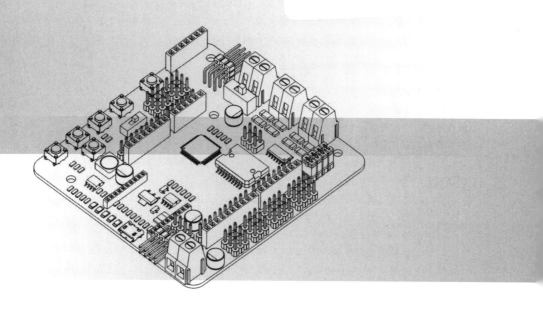

清华大学出版社

北京

内 容 简 介

电子电路板是消费电子产品和工业自动化控制设备的重要部件,随着电子技术的日益发展,电路系统加速小型化、高密度和高速化,高速 PCB 设计技术越来越成为电子工程师的必备技能。本书从实用角度介绍高速 PCB 设计中的经验规则,重点讲述在实际工作中如何正确地运用经验规则,避免错误。本书分为 6 章,第 1、2 章讲解了什么是高速 PCB 设计的经验规则,其与理论知识相比有什么优势,如何运用;第 3 章详细介绍了高速 PCB 设计的每个环节的技术要点、经验规则;第 4 章介绍常用的经验公式;第 5 章分析了几类特殊电路的设计经验规则的应用;第 6 章讲解了在一个设计案例中经验规则的具体应用。

本书力求在高速 PCB 设计领域,为电子工程师、产品开发和生产技术人员、在校学生以及电子爱好者提供有关高速 PCB 设计经验规则的模块化知识体系,各章主题相对独立完整,有利于读者碎片化地学习并应用到具体的设计工作中。

本书可作为各类大中专院校相关专业的培训教材,也可作为电子、电气、自动化设计等相关专业人员的学习和参考用书。

图书在版编目(CIP)数据

高速 PCB 设计经验规则应用实践 / 田学军编著.

北京 : 清华大学出版社,2024.9(2025.3重印). -- ISBN 978-7-302

-67231-9

Ⅰ. TN410.2

中国国家版本馆 CIP 数据核字第 20244JU532 号

责任编辑:杨迪娜
封面设计:杨玉兰
责任校对:李建庄
责任印制:宋 林

出版发行:清华大学出版社
        网   址:https://www.tup.com.cn,https://www.wqxuetang.com
        地   址:北京清华大学学研大厦 A 座   邮   编:100084
        社 总 机:010-83470000   邮   购:010-62786544
        投稿与读者服务:010-62776969,c-service@tup.tsinghua.edu.cn
        质量反馈:010-62772015,zhiliang@tup.tsinghua.edu.cn
        课件下载:https://www.tup.com.cn,010-83470236
印 装 者:大厂回族自治县彩虹印刷有限公司
经   销:全国新华书店
开   本:185mm×260mm   印   张:12.25   字   数:300 千字
版   次:2024 年 10 月第 1 版   印   次:2025 年 3 月第 3 次印刷
定   价:69.00 元

产品编号:104609-01

印制电路板(Printed-Circuit Board, PCB)上的铜箔走线,曾经可以看作是连接元件的导线,PCB 布线最重要的工作是考虑怎么在尽可能小的电路板上连通各个元件。然而今天这种看法已经不合时宜了。电子技术尤其是集成电路的发展趋势是:集成电路的功能越来越多,芯片集成度越来越高,而且混合信号芯片可能同时包含数字、模拟和射频电路等单元。电路系统越来越复杂,运行速度也越来越快,时钟频率高达几吉赫兹甚至几十吉赫兹,在这种情况下,PCB 上的铜箔走线不能再看作简单的导线,它们的分布参数比如寄生电容、寄生电感等不能被忽视,而必须以分布参数的传输线来看待。PCB 上铜箔的几何形状、基材的介电常数、过孔、元器件封装等共同决定了电路中信号传输的质量,设计者需要考虑诸多因素,高速 PCB 设计的难度也大大增加。

随之而来的信号完整性研究,也极大地增加了高速 PCB 布线的学习难度,各种专有名词和概念层出不穷,如传输线、阻抗、差分、共模/差模、串扰、反射、衰减、时序偏移、抖动、电源分配网络、轨道塌陷、同步开关噪声、过冲、振铃、地弹等。

高速 PCB 电路中,常见的设计问题可以分为四类。

第一类是因信号传输路径阻抗的不连续造成的反射。信号反射会导致信号波形失真,引起数字信号电平误判;反射也会导致信号传输延迟,引起数据传输时序问题;反射引起的过冲和振铃会产生不必要的电磁干扰辐射。

第二类是信号线之间的串扰。信号串扰同样会导致信号失真和时序问题,引起数据传输错误。

第三类是地弹噪声。高速数字电路中,大量信号电平的高速切换会在地线里集中产生高频瞬态电流,从而产生地上的电压噪声,由于电路中的地电平是所有信号的参考电平,所以地电位的变化会影响其他信号,导致噪声增加、时序偏移和数据传输错误等问题。

第四类是电源分配网络问题。在 PCB 电路中,电源分配网络在各个工作频率下的阻抗决定了线路上器件的电源完整性,阻抗—频率曲线上的尖峰将导致电源轨塌陷、电源压降、振荡等问题,并在整个电源分配网络中传播,从而影响电路的正常工作。

高速 PCB 设计工作基本上要围绕这四大主题进行,它们也是解决其他问题的基础和手段,比如信号衰减和 EMC 问题。

硬件工程师,尤其是 PCB 设计人员,不仅要熟练掌握 EDA 软件,还需要掌握高速 PCB 中高速信号传输、信号完整性、电源完整性、EMC 等知识。然而要完整、深入地学习这些知识是比较困难的,除了实践经验以外,还要有电子线路、模拟/数字电路,甚至电磁场理论、微波电路原理等方面的专业知识。大多数从业者都没有受过这方面的系统教育,只能在实践中摸爬滚打,积累经验。另一方面,可能是 PCB 设计技术更注重实践经验的原因,大学的电子专业课程中很少涉及高速 PCB 设计技术的内容,即便是本科电子专业的大学生,刚入行时也很难马上掌握相关的知识和技能。

在长期的电子产品开发生涯中,笔者见证了许多没有多少高等教育经历的电子技术人员和没有多少实践经验、刚毕业的大学生,在工作中边实践边学习,成长为优秀电子工程师的过程。结合自己的学习经验,我总结出一条学习高速 PCB 设计的路径,就是在具备一般电子电路开发技能的基础上,从实践出发,优先掌握高速 PCB 设计的经验规则;然后在电路设计中边实践边体会,学习经验规则背后的理论知识,学到的理论知识又反过来指导学习新的经验规则,甚至总结出自己的经验规则。这个过程反复迭代,直至达到一个无论是在实际技能上还是理论分析上的更高水平。

所谓经验规则就是在 PCB 设计的长期实践中积累、总结并流传下来的经验,这些经验规则虽然很少能在理论研究的书籍或课本上找到,但由于具备很强的实用性而在行业内口口相传。掌握了这些经验规则就能很快地应用在 PCB 设计中,且能迅速地解决设计当中的问题,提高设计效率。

本书的内容围绕高速 PCB 设计的经验规则展开,第 1 章和第 2 章首先介绍了什么是经验规则,它在设计中有什么作用,使用的条件场景等;在随后的 4 个章节中,就高速 PCB 设计的四大主题详细说明了主要的经验规则,并解释了其背后的理论依据和分析验证结果,还对规则在应用中的使用条件和场景做了说明;第 6 章以一个高速 PCB 设计的实际案例介绍了经验规则的具体运用。

本书力求在高速 PCB 设计领域,为电子工程师、产品开发和生产技术人员、在校学生提供模块化的知识体系,内容覆盖高速 PCB 设计的主要领域,同时各主题相对独立完整,有利于读者碎片化学习,并能迅速学习掌握并应用到具体的设计工作中,转化为生产力。

需要说明的是,尽管学习高速 PCB 设计的经验规则有立竿见影的实际效果,但它并不妨碍进一步的理论学习和研究。实际上,一个优秀的 PCB 设计工程师不仅要有丰富的实践经验和实际工作能力,还要有扎实的理论基础,必须了解高速信号传输的原理、电磁兼容性、信号完整性等基础知识,学习高速信号的特性、传输线理论、信号传输模型等内容。而学习掌握和熟练运用经验规则,有助于读者进行系统的高速 PCB 设计的理论学习和建立信号完整性的知识体系。

本书特色

本书侧重理论知识与实践经验的结合运用,对经验规则予以详细、严谨的理论推导或验证,但提倡在实践中灵活运用,以达到经验规则容易理解记忆、放心使用的目的。本书不进行深入的理论阐述,而是通过讲解一条一条具体经验规则的应用,让读者了解经验规则的来历,掌握经验规则的理论依据、使用条件和对结果分析,并能迅速应用在实际的设计工作中。

作 者

2024 年 8 月

第1章

高速PCB设计的经验规则

什么是经验规则？它与我们的高速 PCB 设计又有什么关系呢？工程师们口口相传的经验可以用于严谨的产品 PCB 设计吗？要回答这些问题，首先让我们从什么是经验规则说起。

1.1　生活中的经验规则

经验规则指的是人们在实践中积累的、具有指导性的经验总结，它是基于实际经验或者观察思考得出的有规律性的、在某些领域或特定范围内适用的一般结论，可以帮助人们在特定领域或情境之下做出决策。经验规则通常是经过了许多人使用和反复验证成立的，因此具有一定的可靠性和有效性。

经验规则的特点是简洁易懂，朗朗上口，容易理解和记忆，在社会上或者某个特定领域内口口相传。在许多专业领域，例如金融、管理、医学、工程等行业，就有许多经验规则被使用或被流传。经验规则是人们在生活和工作中的经验总结，是人类宝贵的知识财富。实际上数学、物理这些理论知识体系，也是从大量的经验规则中发展起来的。

经验规则常常是对某些复杂难懂的事物，快速给出一个初步的、粗略的但有用的答案。快速意味着不需要复杂的思考、计算，或者不需要借助其他工具例如计算机等，也不需要获取大量关于亟待解决的问题的相关信息。经验规则常常在不需要精确答案，或者因时间、资源等原因无法获取精确答案的情况下使用。

经验规则虽然常常不精确甚至并不总是有效，有的也没有经过严格的逻辑推导和科学论证，但是它的确能解决当下的问题或者给出一个可行的思路。

在我们的生活当中，有许多闪耀着智慧光芒的真知灼见，它们大都是生活中的经验规则。例如："不要和女朋友（老婆）吵架"——这个无须解释，懂的都懂；"山戴帽，大雨要来到"——民间的天气预报；还有"不要把鸡蛋放在一个篮子里"——不要把所有的希望和资源都放在一个地方，分散风险增加成功的机会。

文明都是相通的，在其他文化当中，我们也能找到很多类似的生活经验规则。例如英文中有个拇指规则的说法"The rule of thumb"。这个短语传说中的起源是：古英国法律允许男人用一根比他的拇指细的棍子来打他的妻子。也有说法是这个短语源于人们常常使用拇指作为测量工具来估计尺寸,例如一根木棍的粗细或一个洞的大致深度。不管起源如何,它其实就是我们说的经验规则。我们常常听到的 The rule of thumb 有:"The early bird catches the worm"——早起的鸟儿有虫吃,早做准备和马上行动才能获得更多的成功机会;"Don't judge a book by its cover"——不要从一本书的封皮来评判其内容,说的是人不可貌相,不要只看外表就对一个人做出判断,要去了解他的内心。

通过这些例子,你是不是对经验规则有一个基本的了解?上面举例的这些经验规则,我们承认它们的确有价值,说的都是大家都认可的人生道理,但它们又不是绝对的而是在某些情况下有效,在某些情况下却是错误的。例如虽然"不要把鸡蛋放在一个篮子里",但是有时候要"全力以赴、不留余力",做人要立场坚定,不能"脚踏两只船"。这些看似矛盾的经验规则,并没有被抛弃,因为人们懂得分辨在什么情况下,哪些经验规则是适用的、哪些要闹笑话。

越是复杂难以理解或者难以决策的事情,相关的经验规则就越多。例如一个有经验的侦探,他们一定有自己的经验规则。例如"不要让嫌疑人坐在一起""妻子被杀,首先调查丈夫"等等。虽然现在科技发达了,有很多现代的刑侦手段和实验室检测技术,但是很多时候做出判断和决策的还得是人。警察通常会接受一定的基础训练,例如侦查技巧、取证方法、搜查线索等,但要成为一名出色的破案高手,必须参与大量的各种案件的调查侦破来积累经验、提高水平,还要从前辈那里学习上一代人积累的知识和经验。在很多破案故事中我们常常会看到,揭开谜底的关键往往在主角的灵光一闪,似乎有神灵相助。美剧《海军罪案调查处》(NCIS)中,老侦探 Gibbs 有一条规则:"Never forget that your gut is your best tool."(不要忘记你的直觉是最好的工具。)他这里的直觉其实就是经验规则在起作用,甚至是主人公毫无察觉的无意识的运用,只不过我们通常把经验规则都归结为直觉或者灵感罢了。

这是经验规则一个有用的特点,即经验规则通常是凭直觉使用的。根据经验规则做出决策,依赖于个人记忆和对现状简单快速的识别。资深的管理人员,走进一家工厂,只要看看工厂环境、设备的摆放、员工的眼神,就能发现工厂普通人难以发现的经营问题;有经验的工程师看一眼 PCB 上元件的布局,就很容易识别出 PCB 设计存在的缺陷。

经验规则是许多人长期生活、工作中经验的积累和总结。从经验规则中汲取有用的知识和技能,重要的是采取去其糟粕、取其精华的启发式思维方法。也就是说在学习、应用经验规则的过程中,存在一个认识和鉴别它的过程。

生活中我们都在不自觉地学习别人的经验规则,模仿成功者。例如在寻找合适的酒店时,你可能会向有经验的旅行者请教或者选择网上评分最高的酒店。时间长了、旅行经历多了,慢慢地你自己也变成一个有经验的旅行家,可以为别人提供帮助。

许多经验规则简单粗暴,但却能产生出人意料的满意结果,往往胜过更为复杂的选择策略。虽然使用经验规则降低了思考的困难程度,加快了决策过程,但它也会让人受到偏见和谬误的影响,可能会使决策者偏离正确的方向。例如人们对品牌认知经常会受到产品广告的操纵,特别是在当下带货短视频、直播泛滥的现实中,即使是真实的客户点评,他们的评价也很容易被操纵(例如好评换红包),从而产生误导性的结果。我们不应盲目依赖这些简单的经验规则,而应有意识地认识到它们潜在的谬误,并在必要时改变决策规则,而不是无意识地选择。

1.2　PCB 设计中的经验规则

由于 PCB 设计的复杂性,面对同一个问题,解决方案的选项太多,哪个才是更好的答案常常令人困惑。技术积累和传承一直是工程师文化的一部分,大家喜欢借鉴以前设计中的成功经验,老员工也不厌其烦地向新员工述说他过去碰到的麻烦。同时产品开发周期和上市的压力又迫使设计人员不愿更改,往往拘泥于现有的规章制度和上级指令不敢越雷池一步,直至出现重大问题。

毫无疑问,高速 PCB 设计是一项复杂的技术工作,涉及的技术知识非常多。在电路板的狭小空间里密集地布满了各种芯片和元器件,各种形式的数字或模拟信号在线路上流动并且相互影响,它们产生的电磁场实际上布满了电路板所在的一个相当大的空间,不仅影响外部的电路和设备,也时时刻刻受外界电磁波的干扰。要完全了解空间中每一处的电磁场分布、了解每个信号之间的影响关系几乎是不可能的,仿真计算软件也只能解决一部分问题。对设计师来说,要达到高速 PCB 的设计要求,保证电路板上每个信号的完整性,是不容易做到的。在 PCB 设计的各个阶段,设计师经常需要平衡考虑各种因素、需要在各种可能的结果中做出决策,产生决策的依据和标准又因人而异、因具体的电路而异。因此高速PCB 设计工作除了依靠 EDA 软件,还需要依靠仿真和数值计算工具,更离不开经验规则的积累。作为 PCB 设计师,不可能不知道几条经验规则,因为几乎所有人从一开始学习 PCB 设计,就会接触到经验规则,在今后的工作和学习中,也会经常了解到、学习到更多的经验规则。在每本关于 PCB 设计的书中、交流设计经验的网络论坛和会议报告中,都有很多PCB 设计的经验规则在流传。

例如大家耳熟能详的几条经验规则:

(1) 走线间距大于 $3W$(3 倍线宽)。

(2) 布线不要走直角或锐角。

(3) 每个芯片的电源引脚旁边放置一个 $0.1\mu F$ 的去耦电容。

和生活中的经验规则一样,这些 PCB 设计的经验规则,也是经过长期实践总结出来的,具有一定的实用性和准确性,在设计的各个阶段能给予设计师一些快速具体的指导和帮助。

例如第一条,$3W$ 原则是减小信号线间串扰的最有效的设计准则,尽管很多人都不知道这条经验规则是怎么来的,原理是什么,线间距与信号串扰幅度之间具体的关系式是怎样的也不清楚,但是在设计中只要遵守这条简单的原则,还是能避免设计中大部分的信号完整性错误。所以 $3W$ 原则可以算是一条可靠、实用的经验规则。

又例如第二条经验规则,布线不能走直角和锐角,可谓人人皆知,但背后的原理却众说纷纭,似乎没有一种说法能完全使人信服。

有人说直角或锐角会导致信号的反射引起信号失真和损耗。但无论是仿真结果还是实际测量都表明:一条走线上的直角影响微乎其微,除非是 30GHz 以上的超高速数字电路。

也有另外的说法:直角或锐角会增加电磁辐射的产生,导致电磁兼容性问题,但有研究论文和实验证明这些理由不成立。

还有 PCB 加工工艺中的所谓酸角问题,即直角处会聚集多余的腐蚀液使转角处的铜箔被过度腐蚀。在早期的 PCB 工艺中的确有这个问题,但 2000 年以后,PCB 工艺就普遍采用先进的碱性腐蚀液,这个酸角问题已经不存在了。

举这个例子也是想说明经验规则的形成有历史的原因,随着时代的进步,当初形成规则的理由、应用条件和使用场景都在发生变化,我们必须了解经验规则的来历,形成的原因,探究经验规则背后的理论依据,才能对一条经验规则是否持续有效做出合理的判断。

1.3 经验规则的来源

1.3.1 理论与实践的结合

我们不能仅仅因为经验规则不是理论严格推导的结果而否定和拒绝它的价值。

实践与理论是两个紧密联系、相互作用的人类活动,是我们认识世界、改造世界的重要手段。一方面,实践是理论的源泉和验证基础,理论是对实践经验进行归纳、总结后得出的,并且实践是检验真理的唯一标准,只有实践才能验证理论的正确性,才能推动理论继续发展。另一方面,理论必须为实践提供指导,解决实际问题,无法指导实践的理论是无用的。理论是对现实世界运行规律的抽象和概括,是理解现实世界、解决实际问题的一种思考方法。只有把理论和实践结合起来,相互促进,才能使理论更加完善,实践过程更加科学。

理论和实践结合、相互作用的过程有时候是漫长的,因为现实世界的复杂性和人们认识的局限性,人们对客观规律的认识是逐步的、渐进式的,并非一蹴而就。有些经验规则就是这个过程的中间产物,它们是对实践活动中发现规律的初步认识和总结,可能还没有上升到完善理论的地步,但是它们对实践活动的指导意义却是可证实且有效的。这些经验规则还将在实践与理论的不断循环中,或被证实而继续完善、上升为理论知识,或被证伪而被抛弃。

在 PCB 设计中,也有一些经验规则是从相反的路径,即从理论中衍生出来的。理论是抽象的、概括性的,拿它来直接指导实际工作,存在一定的障碍和局限性。因为掌握完善的理论体系,对个人的要求比较高,就拿信号完整性理论来说,学习它不仅要有理工科基础(物理、数学等),还必须有电磁场、电路原理、信号与系统、数字模拟电路分析,以及高频微波等方面的学科知识,对广大电路设计从业人员来说,这个要求还是比较高的。因此为了让理论分析的成果能更好地指导设计工作,很多学者努力将一个理论知识分解、简化,变成几条实用性强、容易记忆和使用的简单规则。之所以能把复杂的理论和计算公式简化,是考虑了实际工作的应用条件和场景。例如我们常用的介质材料最多的就是 FR4,其相对介电常数为 4 左右;最常用的铜箔厚度是 1oz 或 2oz(关于 oz,本书后面有具体说明)。用这些常用的参数代入理论推导公式,再排除影响较小的因素,就能得到形式上简单,却不失实用性的规则,我们把它叫作经验规则。

我们已经知道传输线终端如果出现阻抗不连续,就会发生信号反射。当传输线比较长时,信号反射造成的振铃等失真将影响数据传输率。有这样一条经验规则,是用来判断传输线多长才需要进行终端阻抗匹配。首先,当传输线延时大于信号上升时间的 20% 时,信号将出现不可接受的失真。20%是一个经验标准,可由实验数据证实。

而根据电磁波传输理论,导线及周围介质中的电磁波传输速率为:

$$v = \frac{1}{\sqrt{\mu_0 \mu_r \varepsilon_0 \varepsilon_r}} \qquad (1.1)$$

真空中的光速为:

$$c = \frac{1}{\sqrt{\mu_0 \varepsilon_0}} \qquad (1.2)$$

所以有:

$$v = \frac{c}{\sqrt{\mu_r \varepsilon_r}} \qquad (1.3)$$

对于 PCB 常见的介质材料 FR4,其 $\mu_r = 1, \varepsilon_r \approx 4$,代入式(1.3)可得 $v = c/2$。而光速为 $3 \times 10^8 \text{m/s} = 30\text{cm/ns} = 11.8\text{in/ns} \approx 12\text{in/ns}$,其中 $1\text{in} = 2.54\text{cm}$,于是有 $v = 6\text{in/ns}$。

对于长度为 l 的传输线(单位为英寸),信号的延时为:

$$T_d = \frac{l}{v} = \frac{l}{6} \qquad (1.4)$$

代入前面判断的标准,可以得到:

$$T_d = \frac{l}{6} > 20\% \times T_r \rightarrow l > 1.2 T_r \approx T_r$$

经过代入常数、推导、再估计简化的过程,就可以得到一个有趣、实用、很好记忆的经验规则,即当传输线长度以 in 为单位的数值,大于以 ns 为单位的上升时间的数值时,就必须进行终端阻抗匹配,否则就会出现信号完整性问题。

例如信号上升时间为 2ns 时,只要长度小于 2in,就不必考虑终端匹配。

1.3.2 每条经验规则都有其原理

在 PCB 设计的各个阶段,例如叠层设计、元件布局、布线、阻抗控制等环节,都会有一些相应的经验规则。虽然这些经验规则可能仅仅是实践经验的总结,理论上对它还未能完全解释清楚,但是每条经验规则的背后,都有其符合逻辑的道理,或为对某些现象的归纳总结,或为已有经验的推测演绎,只是有些原理还在探究当中罢了。那些从理论推导或数学解析公式简化而来的经验规则就更不用说了。

这些经验规则背后的原理正是我们要认真考究的,因为只有搞清楚了经验规则的来历和原理,才能了解经验规则的使用条件和工作场景,才能了解它在什么情况下有效、什么情况下无效,它给出的结论有多大可靠性等关键问题。对经验规则的来龙去脉清楚了,才能用好它。

以前面介绍的 3W 原则为例,具体是这样表述的:为了降低线路间的串扰,PCB 上相邻走线的间距应该足够大。当走线中心间距不小于线宽的 3 倍时,大部分电场不会相互干扰。满足 3W 原则可以减少 70% 的信号间串扰,而满足 10W 则可以减少近 98% 的信号间串扰。

这个 3W 原则实际上是简化理论计算的结果,它假定传输线的特征阻抗为 50Ω 才有这个大致的关系。实际上串扰的大小不仅与线宽、间距等几何尺寸有关,还与走线类型、介质厚度、介电常数、信号电压和上升沿时间等众多因素有关。仅就走线的几何尺寸而言,阻抗受传输线的线宽、线间距和介质层厚度这几个参数相互制约,对串扰的影响关系复杂且并非线性关系。3W 原则简化了这些要素关系,仅保留了线宽和间距两者之间的大致关系。

信号线之间的串扰包括前向串扰和后向串扰,或分为近端串扰和远端串扰。如果只考虑走线的几何尺寸,则一个计算串扰的近似公式是这样的:

$$V_{\text{crosstalk}} = \frac{v}{1 + \left(\dfrac{d}{h}\right)^2} \tag{1.5}$$

其中,d、h 分别是 PCB 走线的中心间距和介质厚度。

仿真结果表明,对于四层板,介质厚度为 5～10mil 时,3W 间距足够了,甚至过于保守;而对于双层板,介质厚度较大,走线与参考平面之间的距离为 45～55mil,3W 的间距则不够了,只是由于双层板上高速信号一般不多,所以保持 3W 间距并没有很大的问题。

走线间距不仅影响信号间的串扰,还是影响传输线特征阻抗的主要因素。在高速 PCB 设计中,3W 原则不适合高密度布线,因为布线空间难以满足 3W 的间距要求。因此更重要的是要以传输线来控制好走线的特征阻抗,对于信号频率较高的微带线或带状线,要通过计算或软件仿真来精确计算以确定走线的线宽和间距。

了解经验规则的原理之后,才能掌握使用这个经验规则的条件和场景,清楚在什么情况下可以放心使用,什么情况下需要使用精度更高的工具或软件。

1.4 高速 PCB 设计中经验规则的实用性

现在我们设计高速 PCB 可谓武装到牙齿了,有先进的 EDA 软件来完成层叠、元件布局和布线工作,还有各种仿真软件进行二维场求解、计算传输线阻抗和 S 参数等。另外用于分析、解析的计算工具也很多。为什么我们还需要这些看起来简单、粗略的经验规则呢?

在电路和 PCB 设计中,不管你是否意识到,通常都会用到有三个层次的设计工具来解决问题。

经验规则旨在快速给出答案,便于记忆,并给出一个"大概"的结果。我们正是通过经验规则来校准我们的直觉,并对预期结果形成"感觉"。当"现在得到一个好答案,总比迟来得到一个好答案要好"时,它就是最理想的工具。

分析近似是一种公式,是我们可以放入计算器或电子表格中的计算式。近似公式反映了客观规律中的主要矛盾和相互关系。我们能从近似公式中确定哪些变量是重要的,以及它们之间是怎样相互影响的。并且可以通过心算、纸笔、计算器或电子表格,快速得到结果,也可进一步探究变量之间的变化规律。

数值模拟工具可以帮助我们进行更复杂的计算,求解复杂电路网络中的电压或电流大小、信号波形、频率等物理量的变化规律,或者求解电场和磁场的空间分布、阻抗、辐射、衰减等传输特性。

虽然有些数值模拟工具免费且易于使用,但大多数工具成本高昂,需要相当高的专业技能才能使用,而且需要很长时间才能得出结果。但在许多应用中,这样做是值得的。一个复杂系统的性能有时只有通过数值模拟工具才能获得初步结果。

作为一名工程师,最糟糕的做法就是无论碰到什么问题都要立即使用仿真软件,或者只根据经验规则得出的结果来完成设计。关键是要为适当的应用选择适当的工具,考虑收益与成本,获取最大效率。

1.4.1　精确的答案与快速的答案

经验规则给出的判断往往是经验性的、大致的,与仿真软件或数值计算工具的结果相比,缺乏精度和准确性。但是经验规则能够帮助你在极短的时间内找到解决问题的方向,做出决策。

有工作经验的工程师都知道,有时候一个快速的答案要比一个精确的答案重要得多。例如你在客户工厂维修设备,生产线停下来等待你解决问题,所有人都盼望你快点把设备修好,尽快恢复生产,毕竟生产线停止运作一天,损失恐怕难以用金钱来衡量。这时候你有两个解决问题的路线,一个是根据经验判断哪个部件损坏的概率比较高,可首先更换这个部件,开机试运行看问题是否得到解决;还有一个就是,用仪器测量设备的各个信号,检查设备的各部分功能来确定故障发生的位置,找到损坏的元件。

显然绝大多数人会选择第一个方案,因为它是一个最快的方案,当时间紧迫时,自然是最佳的选择,虽然判断可能会出错,替换可疑的部件以后也没有修好,但在短时间内你也排除了一个可能的故障原因,收益还是明显的。

在高速 PCB 设计中,也有相同的工作场景。设计师在设计过程中,很多时候需要马上做出决策,芯片引脚的信号走线向哪个方向扇出? 这条信号线能不能在电源平面上布线? 那条走线是绕过芯片布线,还是放过孔从芯片下方通过? 还有这个区域是挖空铜箔好还是铺铜接地好? 这些问题是在设计过程中时时刻刻出现的,你也不可能把所有的细节事先确定好再开始布线。

这个时候运用经验规则,让你迅速做出决策,是最恰当不过的了。否则你只能把工作停下,花几天时间建模、仿真、优化,得到一个最优的设计参数,再重新开始中断的设计工作。

我们不可能对一个问题准备全面、详尽的数据或资料以后才动手考虑如何解决它,在现场工作或设计当中,往往没有办法获得关于你正在面临问题的所有信息,例如进行测量、计算、翻阅参考资料和学术论文等。这时候我们应该以大脑记忆的知识体系和经验为主来思考、判断。有时候运用经验规则就能很好地找到问题的答案,或者得到一种解决问题的思路,在日后补充数据和资料后仔细研究,寻找更加合适的解决方案。

有经验的 PCB 工程师,他们的工作做得又快又好,不仅因为他能熟练地使用 EDA 软件,很大程度上还是因为他对设计中的各种问题有处理经验,手头有设计准则,心中有经验规则,在不经意间可迅速地做出正确决策。

1.4.2　成本收益

当 PCB 设计工作面临很多决策问题时,建模和仿真计算不仅需要花费很多的精力和时间,也需要不少的人力和物力资源。例如你需要厂商提供的元件模型,需要专业的仿真工程师、价格昂贵的仿真软件,还有一定算力的计算机等,这些都是设计工作的成本。

虽然经验规则不能解决所有问题,但是在设计中尽量使用经验规则来做判断和决策,能帮助设计师尽快完成设计,有利于缩短设计周期,减少设计成本。

首先经验规则可以作为 PCB 设计的初始指导,帮助设计师快速了解一些常见的设计准则。这可以帮助设计师在开始设计之前,有一个基本的框架和某些快速的设计方案,以便对设计方案进行快速验证和评估,避免从零开始,加快设计的进程。

经验规则可以帮助设计师避免一些常见的设计错误和问题,以避免设计后期测试、调试除错的时间和成本,从而提高设计的效率。因为 PCB 设计越是靠近后期,调试修改所花费的时间和金钱成本越大,所以越是在设计前期使用经验规则,就越有可能避免设计后期的修正成本。尽管经验规则不是万能的和总是正确的,但它们仍然可以提供一些宝贵的经验和指导,帮助设计师避免一些低级错误和重复别人的错误。

经验规则是基于过去成功的设计经验总结出来的,使用经验规则实际上是借鉴他人的经验,可以帮助设计师积累实践经验,提高设计水平。

使用经验规则的一个前提是:要保证当下的环境和条件符合经验规则有效的条件范围。这些规则要求实际上也是在帮助设计师在设计过程中思考各种影响因素之间的轻重关系,帮助设计师找到影响参数和指标的主要因素和主要的作用关系,有利于设计师快速发现问题的本质。

即使某些经验规则在当下的条件和场景下不适用,但它们仍然可以作为设计的参考,启发设计师通过了解经验规则相关的分析原理和使用条件,从中获取灵感,并根据具体需求进行调整和优化来使用或完善经验规则。

总之,尽管经验规则不是在所有场景下都完全精确,但它们仍然具有一定的价值和用途,对提高设计效率,降低设计成本有不可忽视的作用。而且使用经验规则并不需要投入金钱和太多的时间,可谓投入小,收益大,何乐而不为呢?我们应该将其作为一项基本技能加以修炼,作为 PCB 设计中的行动指南和思考工具,结合具体的需求和条件进行综合运用。

1.5　正确使用高速 PCB 设计的经验规则

像生活中所有的经验规则一样,高速 PCB 设计的经验规则只有在正确使用的情况下才能发挥它们的作用,错误使用经验规则不仅不解决问题,反而会制造更多的麻烦。

1.5.1　使用经验规则的场景

在什么情况下使用经验规则,而不是使用数值计算工具或仿真软件?

在 PCB 设计中,经验规则通常用于快速评估和初步设计阶段,以提供快速的设计指导。它们可以帮助设计师快速确定一些基本的设计参数,如线宽、间距、封装选择等。经验规则是基于过去的经验和常见的设计需求得出的,因此在一些常见的设计场景中,它们可能是足够准确和可靠的。

当设计复杂或高精度的大型项目时,使用仿真软件或计算工具是更为合适的选择。虽然经验规则在某些常见的设计场景下可能是准确和可靠的,但它们是基于过去的经验和常见的设计需求得出的,不能覆盖所有可能的设计情况。使用软件仿真或数值计算工具可以提供更准确的、全面的电气特性分析和优化能力,例如信号完整性、功耗、电磁兼容性、电源完整性优化方案等。它们可以模拟电路的行为,对信号波形和三维电磁场分布等进行推演计算,并提供详细的图表化结果供设计师研究分析。设计师通过仿真计算可以更好地理解和优化设计,确保设计的性能和可靠性。

在 PCB 设计中,经验规则和仿真软件、计算工具是相辅相成的。经验规则可以作为快速设计指导的起点,而仿真软件和计算工具则提供了更深入的电气特性分析和优化能力,在很多情况下仿真工程师也需要经验规则提供的帮助。我们需要根据具体的设计需求和时间限制来选择合适的方法。

在以下的一些情况下,建议在 PCB 设计中使用软件仿真或计算工具而不仅仅依赖经验规则。

（1）需要更高的精度和准确性。

经验规则是基于过去的经验和常见的设计需求得出的,可能无法覆盖所有可能的设计情况。如果需要更高的精度和准确性,使用软件仿真或计算工具可得到更加准确的特性分析和优化方案。

（2）复杂的电路设计。

当电路设计变得复杂时,经验规则可能无法提供足够的准确性和可靠性。软件仿真和计算工具可以帮助设计师更好地理解和优化设计,特别是在复杂的信号完整性、功耗、电磁兼容性等方面。

（3）高频电路设计。

在高频电路设计中,信号完整性和传输线特性非常重要,而电路特性受各种 PCB 的寄生参数影响,经验规则可能无法准确预测高频电路的行为。软件仿真工具可以模拟高频电路的行为,帮助设计师进行分析,优化电路和 PCB 设计。

（4）特殊设计要求。

如果设计中有特殊的要求,如特定的功耗目标、EMC 要求、热管理等,经验规则可能无法提供足够详细和高效的指导意见。使用软件仿真或计算工具可以帮助设计师更好地满足这些特殊要求。

总之,当面对复杂设计时、需要更高精度时或有特殊设计要求时,使用软件仿真或计算工具是更为合理的选择,以获得更准确、更可靠的设计指导。

1.5.2　使用经验规则的条件

经验规则的表述往往很简单,不代表它在任何情况下都是有效的,它隐含的使用条件并没有在口口相传中保留下来。所以我们使用任何经验规则之前,都应该搞清楚这个规则的使用条件是什么,它适合什么样的的工作场景,才能获得好的效果而不出现谬误。

以 $20H$ 这个经验规则为例,我们来看看一个经验规则的使用条件对它的结论有什么影响。

高速数字电路 PCB 的电磁辐射一直是电磁兼容设计的关键问题,除了高速时钟和信号的辐射外,电路板边缘辐射也是一个重要部分。由于电源分配网络和地线上的高频瞬态电流,在电源平面和地平面的边缘部分会产生边缘辐射,造成 EMI 干扰。

$20H$ 原则是指电源平面层相对地平面层内缩 $20H$ 的距离,H 是电源平面层与地平面之间的高度,如图 1.1 所示。内缩的目的是抑制边缘辐射效应。因为 PCB 的边缘会向外辐射电磁干扰,将电源平面层内缩,可使电场只在接地层的范围内传导,从而减小向 PCB 外的空间辐射。内缩 $20H$ 可以将 70% 的电场限制在内缩的接地平面之间,内缩 $100H$ 则可以限制 98% 的电场。

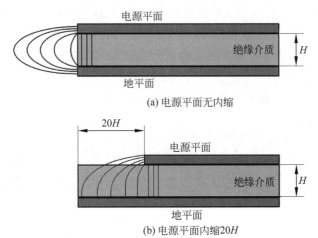

(a) 电源平面无内缩

(b) 电源平面内缩 $20H$

图 1.1 电源层与地平面之间的高度

这个被广泛流传的经验规则,最初由 Michael W. King 于 20 世纪 80 年代提出,并在几家公司得到应用,以解决 PCB 某些特定的 EMI 问题。后因 Mark I. Montrose 在他 2000 年出版的 *Printed Circuit Board Design Techniques For EMC Compliance* 一书中公之于众并大力推广,这条规则才为众人所知,成为高速 PCB 设计行业内耳熟能详的经验规则之一。从事高速 PCB 设计的从业人员大都知晓或用过这条规则。

虽然受到广泛应用,这条经验规则自诞生之日起就争论不断,学术界对于 $20H$ 规则的原理和作用机制并没有达成统一的解释。每隔几年就有相关的研究报告和论文出现,对这条规则在各种条件下是否有效展开讨论。

可以肯定的是,$20H$ 规则在某些条件下是适用的,可以有效地减轻 PCB 边缘辐射;但在某些条件下不但不起作用反而会加剧 EMI。众多学者的研究表明,$20H$ 规则是否有效,与 PCB 的其他参数如材质、叠层数、电源与地平面间距有关,还与 PCB 上的信号特性如频率、上升时间等有直接关系。

$20H$ 规则在某些特定的条件下有明显的减小板边缘辐射的效果,这些条件如下。

(1) 叠层数 8 层以上、有 4 个以上内电层的多层 PCB。

(2) 电源平面和相邻的地平面,均在多层板内层。其中电源平面向内缩进,缩进的尺度为电源与地平面层距离的 20 倍。

(3) 电源平面与地平面构成的腔体没有产生谐振现象。

这些条件是在应用 $20H$ 规则时必须了解的。不理解经验规则的原理和条件而盲目使用,例如在 2 层、4 层或 6 层板上使用,反而会加剧 PCB 边缘的电源与地平面腔体共振引起的天线辐射效应。

另外,应用 $20H$ 规则电源层内缩以后,还有一些布线上的局限性需要注意。例如,信号走线不能靠近电源平面层没有铜箔的区域,这对高密度 PCB 来说意味着可布线空间减小、增加了布线难度,或者说增加了 PCB 的成本。

$20H$ 规则的例子说明，一个看似简单的规则，其有效应用条件可能是很复杂的，如果不了解这些应用条件而盲目使用是有风险的。

那么我们怎样才能去了解一个经验规则的使用条件或者需要小心的地方呢？

1.5.3 了解经验规则的原理

在学习 PCB 设计或者与同行交流的过程中，我们会接触和学习到很多关于高速 PCB 设计的经验规则。这些流传的经验规则往往形式简单、容易记忆，给人一种便捷好用的错觉。正如 1.5.2 节介绍的 $20H$ 规则一样，语言简单的经验规则，并不代表它隐含的原理和条件是简单的。

对于每一条经验规则，我们应该以严谨的态度去追根溯源，去了解它的来历，去了解它基于什么原理，规则有效的条件是什么，我们应该在什么场景下使用它。

一条经验规则不是平白无故产生的，它要么是经验的总结，要么是理论公式的简化。无凭无据的经验规则、找不到出处的经验规则、以讹传讹的经验规则、原理说不清的经验规则等，都要小心使用，最好用相关理论推演判断其有效性或用软件仿真验证之后再放心使用。

现实中流传的大多数经验规则，并非是无效或没有道理的，只不过是在流传中有意或无意地忽略了规则顺带的应用条件，鲁莽地扩大了规则的应用范围。

由于电子技术的持续发展进步，关于高速 PCB 设计的分析理论、仿真方法、测试设备不断在更新，这也使得某些经验规则的理论基础发生了变化。有些经验规则在诞生之初，运作机理是模糊的、不完全清晰的，而技术理论发展到现在，必然有些经验规则的理论基础更加完善、实践的意义更加扎实，也有些规则被证伪，成为无效的规则，也有些规则随着 PCB 技术和工艺的进步而失去了作用。

几乎每一个人开始学习 PCB 设计的时候，学到的第一条规则一定是"PCB 走线不能走直角或者锐角"。无论是教科书或者公司的技术规范，都会强调布线中要求尽量避免出现直角或者锐角，甚至有人以此作为判断某人是不是菜鸟的标准。然而这条规则背后的原理值得深究。

据了解这条规则出现的理由有三个：

（1）PCB 走线在直角转弯的地方，信号前后部分相互影响，导致分布电容增加，对信号上升/下降沿有延缓影响；从阻抗角度来说，就是走线在直角处宽度变宽，因而阻抗不连续，会造成信号反射，从而影响信号的完整性。

（2）直角的尖角容易放电或者增加电磁辐射。

（3）PCB 铜箔腐蚀过程中，直角的地方聚集腐蚀液，容易造成铜箔过度腐蚀而出现断线。

这三个理由，我们来一一分析一下，看看有没有道理。

1）阻抗不连续

走线的直角部分，电流流过的截面确实会加宽，因此走线寄生电容的变化可按下式计算：

$$C = \frac{61W\sqrt{\varepsilon_r}}{Z_0} \tag{1.6}$$

其中：C 为直角处的等效电容（单位：pF）；W 走线的宽度（单位：in）；ε_r 为介质的相对介电常数；Z_0 为走线的特征阻抗（单位：Ω）。

假设一条特征阻抗 50Ω，宽度 4mil 的 PCB 走线（$\varepsilon_r = 4.3$），一个直角带来的分布电容量约为 0.01pF，可以估算出，由此引起的信号上升时间的变化量也就是 0.5ps。可见 PCB 走线的直角走线带来的电容效应是极其微小的。

从阻抗角度来看，在直角转角时阻抗会发生变化。我们知道，传输线的阻抗不连续会产生信号反射现象，但这个反射有多大呢？

可以根据下式来计算反射系数：

$$\rho = \frac{Z_s - Z_o}{Z_s + Z_o} \tag{1.7}$$

其中：ρ 为反射系数，Z_s 和 Z_o 分别为阻抗不连续处两侧的特征阻抗。

一般直角走线导致的阻抗变化为 7%～20%，因而反射系数最大为 0.1。

所以直角或者锐角走线可能造成阻抗的变化其实很微小，对信号影响不大。除非是 30GHz 以上的超高频 PCB，应当以圆弧拐弯。一般设计当中，无论使用 45° 拐弯，还是直角拐弯，甚至任意角度拐弯都没有什么区别。

2）尖角放电或电磁辐射

尖角产生放电，首先要电压足够高能够击穿空气或者电路板绝缘层。但是没有几千上万伏的普通电路，是不太可能出现这种情况的。

认为尖角容易发射或接收电磁波，产生 EMI，也没什么实际证据，因为实在是太微弱了，反倒是可以找到 IEEE 上发表的学术论文证明直角没有增加辐射。

3）直角走线的工艺问题

在 20 世纪 90 年代以前的 PCB 生产工艺中采用酸性腐蚀液，确实存在尖角处容易腐蚀过度出现断线的问题，业内称之为酸角。不过 90 年代以后，PCB 生产工艺早就采用了更先进腐蚀液和光刻胶，现在已不用担心这个问题了。

总的来说，PCB 布线不能走直角这条规则，似乎没有什么充足的理由，并非不能越雷池一步。在 10GHz 以下的电路板中，走线转折的角度，无论是直角还是锐角，对信号产生的影响微乎其微，反而是元件布局、地线设计、线宽和过孔等设计参数影响更大，值得重点考虑。

但不要走直角这条经验规则为什么还在普遍使用呢？一方面走直角没有什么坏处，但也没有什么特别的好处，走 135° 钝角更加保险；另一方面是历史和传统原因逐渐形成的行业习惯和美学观念。除非要表现特立独行的个性，已经很少有人走直角或者锐角了。

大家熟悉的 PCB 直角走线的著名案例，莫过于 HP 公司的 3456A 六位半数字万用表。这台历史上销量可观的仪器，产品经过无数人的考验，口碑是公认的。它的 PCB 几乎都是直角走线，如图 1.2 所示。

需要强调的是，作者并非倡导走直角，只是想提醒大家，如果你看到有走直角或者锐角的电路板，不要急于批评别人。

这个例子说明，我们不能光看经验规则的表面，应该了解经验规则背后的原理，才能明白规则的本质，才不会望文生义或人云亦云。

图 1.2　HP 3456A 数字万用表 PCB 中的直角走线

1.5.4　对结果做出预测

使用经验规则做出判断或估算之前,先预测一下结果会是怎么样的。

许多有多年工作经验的工程师,他们已经掌握了一定的专业知识和技术。但是这些经验和知识也有可能成为他们学习新知识、掌握新技术的障碍,例如原有的低频或模拟电路方面的知识和技能,甚至思维方式已经不能完全适用高速数字电路设计,例如对多层 PCB 上的地平面、电源平面,微带线、带状线以及过孔的认识,高速与低速、模拟与数字、双层板与多层板等完全不同。我们必须以开放的态度面对新领域、新知识的挑战,与时俱进,放弃一些陈旧观念和习惯性思维,在应用高速 PCB 设计的经验规则的过程中,不断尝试学习,大胆质疑,小心求证。

例如在低速电路中,我们总是用尽量宽的走线来布线,以降低走线的直流电阻,但在高速数字电路中,走线的交流阻抗比直流电阻大得多,走线加宽意味着寄生电容加大、电感减小,走线阻抗随之减小。虽然都是减小信号感受到的阻力或阻抗,但内在逻辑是完全不相同的,在设计中要考虑的因素和影响关系也是不同的。

第一次使用某个经验规则的时候,我们可能对这条经验规则了解不深,尤其是对它的应用条件或应用场景还不是很清楚。为了避免出现太大误差甚至错误,在应用经验规则前,我们最好对结果做一个预判。即根据已有的知识和经验,对应用经验规则可能的结果做出大致的估计。例如大致估计出合理的数据范围、影响因素的权重排列、可能会有什么好的或者坏的现象等。

如果应用经验规则的结果与预测一致,说明使用经验规则的条件和场景基本正确,与我们原有的经验相符合,收获一次成功的经历。当然一次或者两次这样的结果还不能完全说明问题,验证的次数越多,我们就越能放心使用这个经验规则。

如果使用经验规则的结果看起来不错,那么还可以想想还会有什么可能的情况,例如某些条件不满足的情况下,结果会有什么样的不同。

如果应用经验规则的结果与预测不一致,说明有可能是应用经验规则的条件或者场景不符合当下的情况。我们首先需要了解这个经验规则的使用条件和场景,再与现有的条件相比较。有条件可采用精度更高的其他经验规则、解析公式计算或者仿真软件来验证。同时设法找到新的技术资料,学习一下相关的理论,来解释我们这次的预测为什么与经验规则的结果不符。无论结果为何,我们总是有收获的,要么证明经验规则有误,加深了对这条经验规则的认识和理解;要么证明我们的预测有误,从而学习到了新的知识,更新了旧观念。

　　培养事先猜测再验证的习惯,对我们培养对电路的直觉很有帮助。直觉是经验不自觉的发挥,也是经验规则熟练使用的表现。它能帮助我们更快速地做出判断和决策,也为我们在解决设计问题时提供灵感和创意。

　　在这个猜测—验证—再猜测—再验证的过程中,我们在一次又一次的成功和失败中不断学习、更新。这也是一个实践与理论相互促进的循环过程,是学习和提高的重要过程。

第2章

高速PCB设计经验规则使用心法

高速 PCB 设计是一项复杂的工作,设计师在从立项到输出图纸的整个设计过程中要做很多决策。既要与其他设计部门沟通、协调,还要解决自己在设计过程中遇到的问题和困难。其实很多时候,难免要在各种矛盾因素中平衡权重、艰难选择。

有些决策对设计结果影响重大,不得不花费大量时间去研究、计算、分析。可能要动用软件仿真,甚至要做试验板进行测试、评估,然后做出决定。例如采用几层 PCB、叠层结构设计、PCB 的板材选择、传输线阻抗设计、元器件布局等。

也有些决策看似细小甚微,但数量非常多,如果不小心处理,它们的效应积累起来也可能造成大问题。例如走通一条走线,几乎每走一步都要做出选择:往哪个方向布线才能达到最小路径?需要换层时在哪里放置过孔、在哪一层继续走线?走线与相邻导线的间距是多少?间距太小则担心信号间串扰会不会造成干扰,间距太大则担心无法布完所有信号线。这些问题都需要设计师在布线时迅速做出决定。

显然我们要把宝贵的精力放在重要的决策上,而不是浪费在微小的决定上。在类似走线选择方向一样的小决策上花费大量时间,你会觉得很累、很沮丧,而且毫无必要。我们根本没有那么多的设计时间去仔细研究布线时的每一个决定,尤其是每天要做上千个决定的时候!通常情况下,有许多不同选项的选择可能是最难的,超出个人专业知识范围时尤其如此。

显然我们希望得到一个好的设计结果,无论是尽快地完成布线、调试成功,还是测试参数指标合格等等。这就引出了一个棘手的问题:做决策的效率——怎样才能在不犯错误的前提下快速做出决策?

有很多不同的影响因素需要考虑时,一个简单的决策指南当然很有吸引力,这些行动指南就是经验规则。它的特点是易于理解、记忆,便于实施,有助于决策者降低选择的复杂性,加快比较过程,同时能得到一个令人满意的结果。

虽然在设计过程中使用经验规则能缩短决策时间、降低设计成本,但是我们应该清楚经验规则的局限性,不要盲目使用并注意它的有效性。这样才能用好、用活经验规则,达到提高设计效率的目的。

2.1　不要盲目使用经验规则

实践是检验真理的标准,理论是对现实世界局部的、有限的解释,而现实世界是复杂的、难以完整描述的。任何理论都需要补充、完善、提高,科学理论如此,法律法规如此,经验规则更是如此。

本书中提及的高速 PCB 设计规则,尤其是经验规则,对 PCB 设计实践中的问题,都没有做到完全、精确的计算和描述,只是在一定程度上准确。我们看到的所有的计算公式、理论结果,都会有很多的假设条件,或忽略了某几个影响因子,或假设了某种工作条件,或多或少与实际中的工作条件有些区别。这一点是我们应用任何设计规则时必须记住的。

对经验规则不能盲目遵守,所谓盲目就是:

(1) 不了解经验规则的使用条件和场景。

例如 3W 原则是针对一般常规 PCB 走线的,如果用在需要控制特征阻抗的差分线对走线上,就会出现问题。阻抗受控的差分传输线,对其特征阻抗有很精确的要求,例如 USB 接口的两条差分数据线 D+ 和 D-,USB 2.0 规范要求差分阻抗为 90Ω(1±15%),单端阻抗为 45Ω(1±10%),同时允许数据时钟偏移为 100ps,换算成走线长度差为 1.4cm。在 PCB 上进行 USB 数据线布线,为了保证其阻抗符合要求,必须使用传输线阻抗计算工具,根据 PCB 板材的参数例如介电常数、介质层厚度、铜箔厚度等叠层参数来计算出走线的几何尺寸。

对于这种要求精确的数值结果的场景,使用经验规则来估计显然是不合适的。也许有一条经验规则是合适的:直接使用一套已证明可行的数据方案。

(2) 不了解经验规则的根据和原理。

有些规则完全是经验的总结,这些经验是哪些?怎么总结的?还有哪些规则是基于简化的解析公式的,简化了哪些影响因素和数值?这些都不完全知晓。

例如在 PCB 上灌水铺铜(flood/pour fill),这条经验规则的目的是要构建尽量大面积的地平面,来达到低阻抗的地线。特别是在双面板布线上,由于底层的走线较多,难以形成大面积的地,故在上层铺铜来弥补地平面。但是很多人不知晓的是,铺铜形成的铜箔的形状对其在高频信号下的表现有很大影响。例如信号线之间长而窄的铺铜和没有接地形成孤岛的铜箔,都会无意中变成一条发射干扰电磁波的天线。这样铺铜不仅没有达到低阻抗地线的目的,反而制造了更多 EMI 问题。因此对铺铜这条规则技术细节要了解得更加深入一点,才能更好地使用。

(3) 对经验规则产生的结果没有预期或估计,对结果无法用其他知识或经验进行验证和评估。

由于经验规则的有用但不精确的特点,它得出的结果或判断,不能拿来就用,还需要运用我们已有的知识或者常识对结果做一些验证评估,看它是否与以往的知识或者经验相符,看它与事先预想的结论是否相符,看它与其他经验规则是否矛盾,等等。

2.1.1　过时的规则

在高速 PCB 设计中使用经验规则,一个必须注意的问题就是小心那些过时的经验规则。

　　每一个经验规则都有它的起源,都有一个为什么有人把它作为经验规则的理由和动机。一般传播越广的经验规则,其起源的时间也越久远,但规则过时的风险也越大。因为电子技术、PCB电路设计和制造技术发展很快,测试手段和研究方法不断更新进步,过去的经验规则所面临问题的技术条件、应用场景等,到今天可能已经发生了翻天覆地的变化。

　　我们学习一条经验规则,最重要的是要回顾一下历史渊源,了解它成为经验规则的理由,了解它当时所处的技术水平、使用条件和场景,了解它做出了哪些假设,这些因素到今天有没有发生变化。

　　只要你做了这些工作,就会发现许多旧的经验规则需要更新或者抛弃。它们代表了过往的技术水平、经验或者理论知识,到今天已经不适用了。

　　例如一条大家都熟悉的经验规则:用三个容量大小相差10倍的电容,例如$10\mu F$、$1\mu F$和$0.1\mu F$并联作为去耦电容。

　　为了更好地理解这条规则,先得了解一下真实电容器的频率特性以及电容器的模型参数ESR和ESL。

　　非理想的电容器并非是一个单纯的电容器,由于电容器内部的材料和结构特性,使得它除了具有电容外还具有电阻和电感等寄生参数。

　　电容的ESR是等效串联电阻,是由于电容器内部材料铝箔、电解质和引脚连接电阻和内部介质材料耗散功率引起的,它会导致电容器的温升和效率降低。

　　电容的ESL是等效串联电感,是由于电容器的引线、端子和电容器电极本身的电感引起的。ESL会影响电容器的高频特性,降低电容器的高频响应和稳定性。

　　图2.1中为实际电容器的等效模型。

　　电容器的阻抗与频率的关系如下:

$$|Z| = \sqrt{R^2 + \left(\omega L - \frac{1}{\omega C}\right)^2} \tag{2.1}$$

绘出电容器阻抗与频率的关系曲线,如图2.2所示。

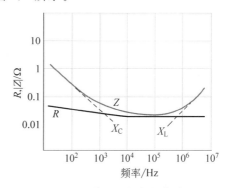

图2.1　实际电容器的等效模型　　　　图2.2　电容器阻抗与频率关系

　　可见随着频率升高,电容的阻抗随之下降。当频率上升到一个转折点时,$\omega_0 L = 1/(\omega_0 C)$,电抗和容抗相等,也就是串联电感与电容发生谐振。此时阻抗下降到最低点,电容阻抗大小等于ESR。高于转折频率之后,电容器的阻抗不再随着频率上升而下降,而是随着频率上升而上升,表现出感性。电容彻底失去了容性而成为一只电感。

因为实际电容的这种特性,在电路中放置电容器时,必须考虑它的频率特性,应该使它工作在远低于谐振频率之下的频率范围。

三只不同容量的电容并联这条规则起源于 50 年前的分立元件时代,那时候较大容量的电容往往是铝电解电容,这些电容器具有良好的滤除电源上低频纹波的能力,并能对负载变化做出反应。但电解电容内部往往具有较大的串联电感 ESL 和较大串联电阻 ESR,在高频时串联电感与电容器发生谐振,使电容器很快失去容性,因此无法过滤较高频率的噪声。

而小型的陶瓷电容器,例如 $0.1\mu F$ 或 $0.01\mu F$ 的电容器,通常是具有较低 ESR 和较低的 ESL,相对电解电容器具有更好的高频响应和噪声滤波能力。一般来说,容量越小,电容器的体积越小,它的等效串联电感越小。陶瓷电容器的缺点是往往电容的容量做不大,它无法存储足够的能量来处理低频噪声和应对较大的负载瞬态电流。

在这种情况下,用两个或三个容量相差 10 倍的电容并联,来解决低频和高频下电容器容量的矛盾,成为一个较好的解决方案。让容量大的电解电容解决低频噪声,让容量小、等效串联电感低的陶瓷电容解决高频噪声,使两个和三个电容在覆盖较宽的频率范围内很好地工作。

如图 2.3 中,分别是三个容量相差 10 倍的电容的阻抗与频率关系曲线。

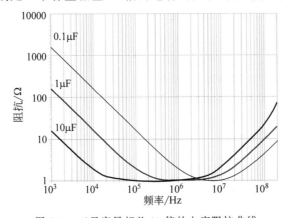

图 2.3　三只容量相差 10 倍的电容阻抗曲线

将它们并联之后的阻抗曲线如图 2.4 所示。可以看出,三个电容的谐振点依次错开,并联后的电容覆盖了一个比单个电容更宽的频率范围而呈现低阻抗。这就是三个电容并联这条规则的原理。

这个方法被很多电子产品公司采纳,在分立元件组装的电子线路中得到了广泛的应用,逐渐成为一条经验规则为广大工程师所熟悉和掌握。

自从进入贴片元件时代,这条规则渐渐失去了有效的理由。原因是电容器工艺技术的提高,大大改变了其频率特性。

广泛使用的 MLCC(Multi-Layer Ceramic Capacitors,多层陶瓷电容器)是一种常见的多层结构的陶瓷电容器。多层结构可以在相同体积下提供更大的容量,同时还具有较低的电阻和较好的高频特性。随着电子产品的迅速普及,MLCC 的需求量持续增加,制造厂商扩大生产规模,提高生产工艺和技术水平,不断提高 MLCC 的容量密度,推出了更小尺寸的产品。

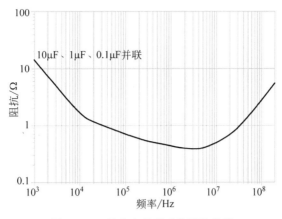

图 2.4 三只电容并联后的阻抗曲线

MLCC 的优势是:

- 高容量密度。MLCC 可以在相对较小的体积内提供较大的电容量,在电路板上占据的空间很小,有利于高密度 PCB 布线。
- 低 ESR、低 ESL,因此 MLCC 具有较好的高频特性,可以在高频范围内提供稳定的电容值和低损耗。
- 良好的温度特性。MLCC 具有较好的温度稳定性,可以在广泛的温度范围内保持稳定的电容值和性能,适用于各种环境条件下的应用。
- 较高的耐压能力,可以在较高的电压下工作而不会损坏,适用于各种电源和电路设计。

MLCC 的叠层结构以及它没有长长的引脚,使它的等效电感既不像直插电容那样与电容的容量、体积密切相关,也不像直插电容器那样大。即使安装在两层电路板上,MLCC 的电容包含走线、焊盘的等效电感也可以做到 1nH 以下。实际上 MLCC 常见的尺寸规格就是 0402、0603、0805、1206 等几种,相同尺寸规格的电容器的 ESL 几乎相同,不同尺寸规格的电容 ESL 也相差不大。

容量相差 10 倍的三个电容,例如 $10\mu F$、$1\mu F$、$0.1\mu F$,如图 2.5～图 2.7 所示(此图为仿真图不用处理其标注),它们的等效电感几乎没有什么区别。高容量的 MLCC 电容也可以用在高频电路中,所以将它们并联之后的频率特性,不会像直插电容那样有显著改善。

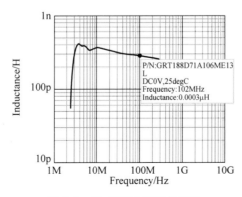

图 2.5 $10\mu F$(106/10V/0603)

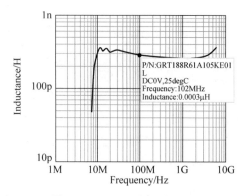

图 2.6   1μF（105/10V/0603）

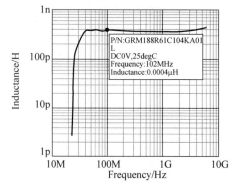

图 2.7   0.1μF（104/10V/0603）

　　既然如此，那么在 PCB 布线放置去耦电容时，是否需要放置三个贴片电容并联？三个电容的容值和尺寸规格应该如何选取呢？这两个问题并没有一个简单的答案。由于电容器本身的等效电感已经比较小了，反而是电路板上与电容器相关的走线、焊盘和过孔等对电容的等效电感有足够大的影响。电容怎样组合才最好，要对去耦电容及其相连的走线、铜箔等，通过仿真计算后才能得到正确的答案。

　　总而言之，用今天的眼光来看三个电容并联的规则，也许找不到理由直接拿来就用。

　　像这样过时的经验规则，我们需要重新审视它的原理和使用条件、场景，来决定是否继续使用它。即便是我们从学习设计电路板的第一天起就被教导的规则，只要经过重新思考发现过时了，就应该毫不留情地抛弃它们，学会忘记也是一种智慧。

2.1.2　不适用的规则

　　由于时间久远或因为文献资料缺乏，有些经验规则的起源已无法追溯，而大部分使用这些经验规则的人也没有验证的手段或者研究能力，这就难免在行业内流传一些以讹传讹、难以验证真伪的经验规则。当然有些学者会不断地对它们进行研究和论证，证明有些经验规则是无用或者是错误的，有些也只在严格限定的条件下才有效。

　　例如第 1 章介绍的 20H 规则，即电源平面向内缩 20 倍电源平面与地平面的间距，还有关于 PCB 走线不能走直角的规则。这两个规则流传最为深远，对广大 PCB 设计工程师和电子爱好者有非常大的影响，因此在网上随处可以见到对这两条规则，尤其是后者的激烈的辩论。对于这样的规则，我们应该抱以科学的态度，不要相信玄学、凭空想象和没有根据的解释,而是以实验数据和理论研究的成果、仿真分析结果进行判断;同时了解经验规则的来历和它成为经验规则的理由,搞清楚经验规则的使用条件和场景。这样才能正确地识别那些无用或错误的经验规则。

再例如有一条规则是"过孔不能在焊盘上",因为焊盘上的过孔在回流焊接过程中受热释放气体和助焊剂,过孔会导致焊盘散热不均匀,未填充的中空过孔会吸附焊锡而使各个焊盘上的焊锡不均匀等。这些问题都会引起虚焊、元件立碑等现象,影响元件的焊接质量。因此过孔通常要位于焊盘旁边或者附近,以免影响焊盘的焊接性能。

但是在高密度PCB设计中,这条规则就失去效用了。因为多层高密度电路板生产制造技术诞生了新的盘中孔工艺。盘中孔的剖面图如图2.8所示。

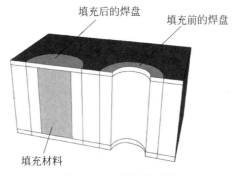

图2.8　盘中孔剖面图

所谓盘中孔工艺,就是把过孔直接放置在焊盘上。过孔的通孔用树脂或铜浆填充,然后在过孔的焊盘上电镀覆盖一层铜之后磨平。这样过孔完美地与焊盘结合、融为一体,焊盘上甚至用肉眼都看不见过孔。这种工艺的好处是把过孔移入焊盘,节省了过孔占用的空间,从而提高了PCB布线密度。例如间距小于0.4mm的BGA封装,使用盘中孔来扇出走线是唯一可行的方法。

使用盘中孔工艺来设计高速PCB,还有额外的好处,就是它提供了更好的电气连接性能,从而提高了电路板的可靠性和稳定性。使用盘中孔以后,信号传输路径更短了,减小了路径的阻抗,有利于提高信号传输速度和质量。

一句话总结就是:时代在发展,科学在进步,任何经验规则都会被不断更新和淘汰,我们不能抱残守缺,应该勇于接受新事物,对过时、无用的经验规则说声再见。

2.1.3　专业工具与仿真软件

高速PCB设计的复杂性,对每一位设计者提出了很大挑战。它要求设计者除了熟练使用EDA软件完成布线,还要掌握信号完整性和电源完整性分析的理论知识,以及仿真分析工具的使用。也可以说,与前辈相比,现在的PCB设计者拥有更多的设计方法、分析工具和设计指南用于电路板和产品的整个设计过程。

在理论工具方面,我们有信号完整性理论,涉及传输线理论,时域与频域分析,反射、串扰、噪声等的分析,电源完整性理论,用于分析电源噪声、电源抗噪声、抗干扰能力等,还有电磁兼容方面的理论,用于分析电磁辐射、电磁干扰、电磁波传播等。

在软件方面的工具,包括:SPICE仿真工具,可用于电路仿真和信号完整性分析;电磁仿真软件,可用于分析信号完整性、电磁兼容性和电源完整性等问题;还有很多 PCB EDA 软件包含信号完整性分析工具,可用于分析布线、串扰、时钟抖动等问题。

有时候工具和手段太多也容易引起困惑,我们必须很清楚在什么应用场景和工作条件下,合理使用相应的工具。

前面介绍的有关 PCB 设计的经验规则,它的应用场景应该是只需要估计出一个大致正确的结果,但是分析和决策都要快。或者设计者没有条件和预算来进行详细的分析,要求设计者进行简单和迅速的决断。

如果设计者不是在这样的工作场景之中,当出现以下情况时,应该放弃经验规则,使用专业的计算工具或者仿真软件:

一是 PCB 电路非常复杂,包含大量的、不同种类的信号线,此时经验规则可能无法提供准确的分析结果。只有用专业的计算工具和仿真软件才可以得到精确结果和判断。

二是信号频率很高的场合,相关的信号传输线如差分信号线、RF 模拟信号线等,它们的信号完整性分析非常重要。这种情况下,经验规则往往无法对高速信号的细节如时钟抖动、时序等问题给出准确的答案,而专业的计算工具和仿真软件可以提供更准确的数值结果供设计者分析和决策。

三是整块电路板或完整设备、产品的电磁兼容性分析,往往牵涉到 EMC 标准的具体数值要求,例如某个频率区间内 EMI 辐射幅度的限额,只有专业的计算工具和仿真软件才可以提供更准确的、数值化的分析结果。尤其是在设计人员需要比较几个具体方案来优化电路板布局和信号线路设计时。

当然,我们也不能只依赖仿真结果或计算数据,同样也需要对它们进行验证、判断,并与经验规则、实测数据结合起来。因为高速 PCB 设计分析不是一件简单的事情,需要深入了解各种基础理论、电路原理,以及信号传输、PCB 制造工艺等方面的知识,需要对多方面的影响因素进行组合考虑。

大多数 PCB 设计人员或多或少都听说过一些关于 PCB 设计的看起来高深莫测的玄学知识。这些"秘籍"不仅没有理论作为基础进行推导,也没有实验数据支持,甚至无法分辨真伪。其实去除玄学的方法也很简单,就是用数据说话,用数值计算工具的答案或者软件仿真结果进行验证。这也是为什么每一位 PCB 设计者都应该学习经验规则,掌握理论公式计算以及各种计算工具、仿真软件等分析技术,才能在设计的每个阶段,为每个具体的设计问题找到最优的解决方案。

2.2　非技术经验规则

非技术经验规则指的是在 PCB 设计、电路分析、信号传输原理等技术知识以外的,关于如何总结经验教训、学习新知识、掌握新技术、提高个人分析问题和解决问题能力等方面的经验规则。

为什么非技术方面的经验规则也很重要?

宋朝大诗人陆游给他的儿子陆子遹传授写诗的经验时,说过一句"功夫在诗外"。因为陆游认为一首诗的水平高低,不在于诗本身,即诗的表面形式,而在于这首诗表现出作者的情感精神、学识智慧,以及对人、对社会、对生命悟道的高下。磨炼诗外的功夫就是要走出撰写诗词的技术层面,身体力行地去体验生活,体验社会,探索求真,格物致知,才能提高诗词表达出来的思想境界。

把"功夫在诗外"这句作诗的经验规则,用在学习任何一门技术或技能上,都是非常恰当的。

高速 PCB 设计工作是复杂而烦琐的,布线工作看似是简单的重复动作,其实每一次拉线、选择路径,每一次过孔换层,每一次元件布局调整,都是牵一发而动全身,每个微小的动作变形都有可能变成引发风暴的蝴蝶。一个成功的 PCB 设计师不仅掌握并熟练使用 EDA 软件,还具备扎实的信号完整性和电源完整性分析的技能,不仅对元件工作原理、参数规格、信号特性和封装等了如指掌,还对 PCB 材料特性、铜箔种类参数、PCB 生产流程和电路板组装工艺等都有了解。

我们学习高速 PCB 设计不是凭感觉摸索或照搬拷贝就能逐渐学会的,而必须掌握必要的学习方法和学习路径,掌握基础知识和设计规则,学习一定的理论知识、积累足够的经验。在这个过程中,设计者的学习理念、学习方法和习惯、对经验总结的能力、对事物客观规律的认知、判断和决策的能力等,这些"诗外功夫"起着非常重要的作用。

让我们来看看在设计技术之外,还有什么值得学习的经验规则。

2.2.1　从经验中学习

我们的爱好、工作习惯、与人交往沟通的方式,以及我们对事物的认知等这些,大部分都是从经验中学习到的。每个人的经验或教训都是成长的一部分,每一次成功或失败的经历都让我们更好地了解自己、了解世界、发现自我。

前事不忘,后事之师,任何经验无论成功还是失败都是宝贵的,无论是自己亲身经历的,还是他人遭受的也都是无价的。经验的积累是智慧的基础和先决条件,在经历各种具体的实践活动之后,我们经历了各种困难和挑战,身心得到了锻炼,获得了更多的知识,了解了更多的事物的运作规律。在思考问题的过程中掌握了更多的解决问题的方法和途径。这些积累的智慧都将帮助我们面对未来能更好地思考、更深入地了解事物的本质,从而更准确和快速地决策。

从经验中学习并不是被动地记忆过往经历的事情——"涨记性",而是我们主动地思考、吸收、培养更多属于自己的知识积累和独特体验。主动地总结经验和教训能促使我们反省自己,发现自己的盲点和局限性,找出长处和不足,从而改进并完善自己的思维和行动方式,增长智慧。

在 PCB 设计中,我们经常碰到各种因素互相影响的情况,调整一个设计参数也许会导致更多的参数发生变化而出现问题,这种困难的局面往往迫使我们不得不在各种不利因素中,权衡于轻重缓急之间。如果我们有足够的生活经验,就应该知道这种情况与我们的工作生活中、在周围世界中的情况何其相似。在面对复杂、混沌的事物,原因和结果都难以预测和控制,面临左右两难的窘境时,我们同样需要仔细研究,发现影响结果的若干参数和条件,通过选择、调节和平衡它们,获得一个向着目标前进的方向,将看似不可控的系统转变为稳定的、确定性的状态。

从经验中学习到的知识,可以通过重复过去成功的案例来形成正反馈,不断积累和验证,促进消化吸收,提取精华,逐渐上升到理论研究层次。这个循环实际上也是很多科学理论形成的路径之一。

2.2.2 抽出时间思考

在日常工作中,我们经常忙于处理各种事务,被工作和生活中各种烦心事所缠绕而疲惫不堪,很容易忽略思考这一生活技能的重要性。不管工作多忙,我们都应该给自己留出一些时间,不要让工作和生活的琐事占据全部时间,这样可以有更多的机会进行思考和反思,也给自己喘气休息、重新整顿出发的机会。

在 Get Things Done(搞定)这本书中,作者戴维·艾伦(David Allen)介绍了一种名为"GTD(Getting Things Done)"的时间管理方法,书中反复强调的一个环节就是,要跳出当下繁杂的事务的包围,摆脱头脑混乱的状态,为自己留出一些时间,坐下来思考。

GTD流程的几个重要环节都体现了思考的重要性,如:收集整理,将要完成的事项全部写下来,清空头脑;确定下一步行动、制作项目清单,将任务分解为具体的行动步骤;最重要的是每周进行回顾,总结过去一周的工作进展,找出需要改进和可以继续保持的地方,并追踪项目的进展、拟定下一周的行动计划。

在工作中抽出时间思考是非常重要的,冷静的思考能让你更好地理解问题、剖析问题、制定可行的解决方案。完整的思考—工作—再思考流程,在很大程度上避免了盲目试错和无用的努力,从而提高了工作效率。

最好在工作日程中就设定一段专门的时间用于思考,例如每天早晨的二十分钟,或者晚上工作结束前一小时,也可以是每个周末的下午。同时要安排好其他事务,以保证在这段思考的时间里不被打断,能平心静气地连续思考。

找一个安静、没有其他人干扰的地方,例如在家中的书房或单独的办公室,没有条件的也可以在公园安静的角落或者在一个安静的咖啡厅。手机断开网络,关闭社交媒体和短视频APP,避免外界干扰,让自己能够集中精力思考。

准备好纸笔,喜欢电子记录的可以是手机笔记APP,或者计算机上的笔记软件。好的工具和技术可以帮助你更好地思考,例如专用于GTD的工具软件,还有帮助思考的思维导图软件、画板、项目管理软件等,都可以用来帮助整理思路和分析问题。

开始思考之前,明确要考虑的问题或目标,例如当天要完成的任务该如何完成,昨天遇到的问题怎么解决,等等,将思考的过程分解为更小的模块,或按轻重缓急的次序排列,以确保能集中精力高效地思考。

必要时与上级、同事或者其他专业人士交流,寻求他们的反馈和意见。别人的观点和建议有可能提供了直接解决问题的方法或思路,也有可能是从其他角度出发的看法,说不定能启发你新的思考。

思考是一种技能和习惯,也是需要不断地练习和培养的。修炼思考能力需要付出时间和努力,坚持在工作中抽出固定时间思考,不断提高自己的思考能力,不失为一种行之有效的方法。

2.2.3 记下那些让你进步的东西

有了思考的时间和定期思考的习惯以后,在不断地思考和反省过程中,你就会经常发现很多让你吃惊的事情,例如:你在工作中处理事情的方式、与同事沟通的方式;或者是你遇到窘境和困难时的意志力,完成既定事务的执行力等;还有在某些领域的知识欠缺和经验不足,等等。

通过反省思考,你会惊讶地发现连自己都没有意识到的潜力爆发和智慧之处,当然也有可能发现自己的问题和不足之处。而这些东西正是让我们进步的推动力,应该牢牢抓住,把它们记录下来,成为我们宝贵的财富。

使用思维导图工具,将思考和反省的过程以图形化的方式呈现出来,有助于你更清晰地理解和整理思考的目标、内容、结果,以及推导的过程,在一笔一画中,你也许能发现新的见解和思考角度。

你可以通过记日记的方式记录,每天或每周写下自己的想法、感受和工作经历。记录下让你进步的时刻、遇到的挑战以及自己的反思和所得。即时记录自己的成长过程,回顾和总结每一天,就会发现自己的强项和需要改进的地方。

你也可以通过写博客、在论坛上发帖等方式,分享自己的经历和所思所想,向他人寻求反馈、鼓励或者帮助。独乐乐不如众乐乐,分享经验和思考所得,不仅能传播知识获得别人的赞许和激励,还能从别人的反馈中获得更多的知识与智慧,更重要的是这么做,还可以帮助你从旁人的视角来了解自己,从中得到启发和改进的建议。

无论选择哪种方法,关键是要保持持续的记录和思考的习惯。定期反复练习,回顾过去一段时间的工作和学习经历,思考自己的成就、学到的东西和不足之处。这个习惯能帮助你更好地理解自己的成长和学习过程,并不断改进和提升。

2.2.4　向他人学习

别人积累的经验和知识也是我们宝贵的学习资源,所以学会向他人学习,是一个可以令我们扩大视野、开拓知识领域、改善工作能力的好方法。

在工作中、在与客户和供应商打交道时、在网上浏览博客或论坛文章时,很容易找到几个让你钦佩的人,他们的学识见解、工作能力、处理问题的技巧方式、独特的经历等,总会有一个打动你的地方。

我们可以学习他们的工作热情、奉献精神、意志力,学习他们分析问题、解决问题的思路和方法,以及他们任何对你有启发的见解和思想。只要是你喜欢的、对你有益的,值得模仿和学习的,从中挑选出来并融入自己的工作学习中。

随着时间的推移,不管是模仿还是学习,你就会发现,一段时间后,别人的知识、经验或者品格、习惯,你都会将它们转换为自己拥有的能力,改善了工作习惯,提高了行动执行力,效率得到提高,或者挖掘出了自己的潜能,拓宽了发展空间。

我很喜欢在网上看一位电工每天发他修电路的视频,不是在居民楼里修家里的漏电,就是在工厂查找供电故障,他把整个维修过程都拍摄下来了,从故障现象分析、查找原因,到最后修复,每个维修案例都像破案一样,过程曲折,无论是故障现象还是故障原因,都让人大开眼界,直呼想不到。虽然作者本人对民用交流电线路和家用电器维修还是比较了解的,但仍然看得津津有味,因为作者的职业生涯中没有这位电工这么丰富的实践经历。

在网上查找资料、看博客或看视频,你会切身感受到科技的进步如何影响我们的生活方式,以及我们学习与交流的方式,虽然这些感受和经历与我们研究的 PCB 设计技术没有直接联系,但它们是生活的一部分,无时无刻不在影响和塑造着你。

2.2.5　与时俱进,不能刻舟求剑

当今世界科学技术天天都在进步,尤其是电子信息技术产业,仍处在高速发展的阶段。高速 PCB 设计的理念和技术在不断更新,例如先进的测量手段、软件仿真和器件模型,以及传输线理论等,可谓正在发生日新月异的变化。这些变化给 PCB 设计人员带来的挑战就是,怎样才能紧跟上技术发展的潮流而不被淘汰。

技术更新迅速,作为技术人员需要保持持续学习的态度,不断学习新知识和新技术。不能拘泥于过去的理论、经验、研究方法和测量手段,应该积极学习新技术、新知识。

对于新的技术趋势,应该以开放的态度积极跟进。通过阅读技术网站资料、参加公司培训、看行业展览会、参加线下活动、与同行交流等方式获取新信息,扩大知识领域,紧盯行业巨头、大公司的发展动向,了解行业的发展趋势和最新技术动态,及时了解新技术的特点和应用场景,为技术演进做好准备,为下一步发展选择正确的方向。

我们在工作中、职业发展上,要保持不断创新的精神,积极应用新技术、新器件来开发新产品,并牢牢掌握自己所从事领域的核心技术,深入了解技术原理和应用场景。注重知识积累,关注新旧技术衔接显现的机遇。这样我们才能更好地适应市场和技术变化,保持竞争力。

2.2.6　充分利用网上资源

在网上查找关于 PCB 设计的学习资料并不是很困难,关键是如何在海量的文章、视频等资源中,合理地选择适当的资料并利用它们,以达到最好的学习效果。芯片厂商的评估电路板设计和知名的硬件开源项目,是两个不错的选择。

芯片厂商发布的评估板或演示电路板,一般都提供电路图和 PCB 设计文件,特别是一些知名厂商,例如 TI、Analog Devices、Maxim 等,他们提供的设计文件除了芯片的手册、应用指南、评估板设计文件外,还有评估板的使用手册、测试数据,有的还有仿真数据和源文件,甚至还有设计说明等丰富的学习资料。厂商发布评估板的目的常常是为了展示芯片的性能和 PCB 设计要求,虽然不能直接用来做产品设计,至少电路在性能指标上没有问题。因此用来学习它的 PCB 设计是很合适的。评估板或演示电路板的资料大多数可以很方便地在芯片厂商的官方网站上搜索、下载,也可以联系芯片厂商或向供应商索取。

以评估板为学习对象,当然也要做好功课,不能随便翻翻,浪费了好的学习机会。

首先了解厂商发布的评估板的设计目标是什么,例如电路方案针对什么应用场景,电路方案又是怎样来实现这个设计目标的。芯片厂商通常会提供评估板的说明手册和应用笔记,我们可以先阅读这些资料来了解评估板的设计思路和用途。其次,评估板一般配有原理图,要仔细研究评估板的原理图,了解电路的元器件组成、主要的信号流向和连接方式。评估板上的主芯片和其他重要器件是经过精心考虑的,了解它们的特性、功能和主要参数,了解 PCB 布局时是怎样考虑这些特性参数的。可以边看边想按自己的理解,如何进行 PCB 布局、估计一下叠层设置,以及重要的信号线如何处理,等等。下一步打开 PCB 设计文件,仔细观察评估板的布局方法和布线方式,分析其优点和缺点,对照自己原先的想法看看有什么不同、哪种方式更好,并试着进行电路布局和布线的优化。这几步做下来,必定有所收获。

如果有评估板的实物,可进一步做一些实验和测试。按照评估板提供的使用手册和数据,对照进行实验和测试,观察电路的工作情况和性能指标。实际动手实验能让你更加深入地理解PCB的设计理念和具体的处理方式和方法,以及芯片与相关电路的工作原理、性能特点。如果遇到不明白的地方或发现异常,还可以联系厂商的技术人员咨询,获取更多的详细信息和资料。

学习高速PCB设计还可以通过参与硬件开源项目,真刀真枪地进行实际PCB设计,并接受其他参与者和开源社区的评估和指点,从而学习很多课本或书籍上学习不到的知识。

网上有很多著名的硬件开源社区,例如国外有 KiCad、Arduino、Raspberry Pi、BeagleBoard 等软件和硬件开源社区,国内的一些开源社区也很不错。在这些开源社区里,不仅可以找到开源的设计工具、开发板,还可以发现很多开源共享的硬件项目。不仅有详细的技术文档和设计源文件、安装调试教程、讲解视频等,还介绍了硬件设计的基本原理和技术细节,还能看到整个项目从构想、规划、项目计划实施、测试评估、改进迭代到最后完成,直到商品化的整个过程。从中学习PCB设计的细节和技巧以及常见问题的解决方法等,这些都是非常难得的学习资料和实践机会。

这些开源社区还有活跃的社区交流论坛,汇集了许多电子设计爱好者和专业人士。你可以在这些平台上与其他开发者交流和讨论,获得实际的建议和指导,汲取其他开发者的经验和设计技巧。

首先根据自己的兴趣和学习目的选择一个适合自己的项目,例如在单片机相关设计方面,Arduino 是一个非常受欢迎的硬件开源项目,适合初学者学习。

选择好开源项目之后,可下载该项目有关的技术资料和开发文件,仔细研究项目的原理图和 PCB 设计文档,了解电路的组成和连接方式,PCB 设计的相关细节。硬件开源项目如果有微处理器部分,通常会提供相应的源代码,分析这些代码和功能的实现方式,以及电路设计和微处理器运行代码之间的关系。然后根据项目提供的说明和文档,进行实验和测试,观察电路的工作情况和性能指标。

除了开源项目提供的资料外,还可以参考相关的书籍、技术博客文章和社区论坛。许多芯片厂商和 PCB 设计软件厂商的官方网站上有大量的技术资料、应用笔记和设计指南,你可以参考这些在线资源和文档,了解高速 PCB 设计的先进技术和实战技巧。还有一些在线仿真工具可以帮助你进行电路仿真和分析。你可以使用这些工具来验证和优化自己的设计,深入理解高速电路板设计的原理和性能。如果你有一定的能力和经验,还可以尝试参与项目的开发。通过参与开发,不仅可以为开源社区贡献力量,还可以深入了解项目的细节和技术,考察验证自己的实际设计能力和水平,并进一步提升自己的技能。

2.2.7 将经验法则转换为设计规则和约束条件

大多数 PCB 布局、布线等设计步骤都有太多的要求而无法全部人工跟踪检查,而我们讨论的布局和布线等的经验法则通常可以在 EDA 软件系统中设置为设计规则或约束条件。

图 2.9 是 EDA 软件中设计规则和约束条件的设置界面,它为设计人员提供了一个简便的输入工具,使他们的经验规则转换为设计约束条件。可以在单个网络或网络组中添加 PCB 走线宽度和间距以及其他设计限制条件,还可以设置高速信号走线的设计规则,以及

各种制造和装配的规则,以监控元件放置、丝网印刷、阻焊和锡膏掩膜等。在设计过程中,软件会对这些规则进行持续的审查,发现有违规的布线能即时暂停走线操作以提醒设计者注意。在设计规则和约束管理器的帮助下,PCB布局设计人员可以系统地运用经验规则来进行设计,而不是靠记忆多种经验法则。

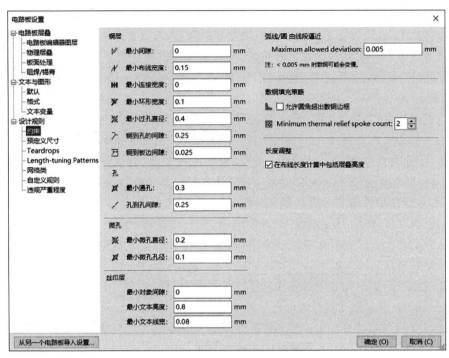

图 2.9   KiCad 设计规则设置界面

第**3**章

PCB设计中的经验规则

3.1 PCB 板材特性和常用工艺参数

作为一名合格的 PCB 设计师,除了能熟练使用 EDA 设计软件,通晓电路原理和信号完整性知识外,还必须对 PCB 板材的特性,以及 PCB 的制造流程和工艺有一定程度的了解。这样才能在设计中正确选择合适的 PCB 板材,避免错误的工艺设计和其他可制造性设计(Design For Manufacturability,DFM)方面的问题。

在 PCB 设计中可能出现 PCB 无法制造或实现工艺复杂、成本增加超出预算等问题,例如材料选择错误、布线规则与制造工艺不匹配、封装选择不好、焊盘设计加工困难等。

3.1.1 PCB 板材特性和选择

PCB 设计的第一步是选择合适的 PCB 板材,不同的电路应用应该选择不同的 PCB 板材。PCB 的导电性能、高频信号特性、机械强度、散热特性等电气特性是由构成 PCB 的各种材料决定的。多层电路板由芯板(core)和半固化片(prepreg)以及铜箔压制而成,如图 3.1 所示。设计者应该了解这些材料的基本特性,熟知它们各种型号的参数指标,以及材料参数是如何影响 PCB 电路信号特性和其他指标的。

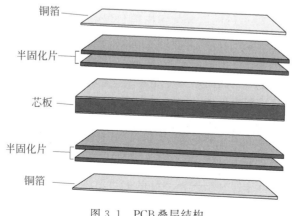

铜箔

半固化片

芯板

半固化片

铜箔

图 3.1 PCB 叠层结构

1. 介质材料

PCB的绝缘介质材料的重要参数指标有相对介电常数、损耗因子,还有温度特性,即在不同温度下介电性能的变化情况,以及介质材料吸水性和弯曲强度、硬度、耐磨性等机械参数。绝缘材料的阻燃等级是PCB安全性的重要指标。

在选择PCB板材时,综合考虑介质材料的这些指标,根据PCB设计的需求和规范要求进行评估和选择。

环氧树脂玻纤(FR4)板材是最常用的一种基材,它的特点是:

(1) 有较低的相对介电常数和损耗因子,常见的相对介电常数一般在4.0左右,损耗因子一般小于0.015。因此FR4能够提供良好的信号传输性能和较低的信号衰减。

(2) 有较高的强度和刚度,能够提供良好的机械稳定性和抗振性能,适合多层PCB制造。

(3) FR4代表其阻燃等级为4级,能够在较高温度下保持性能稳定,通常能够耐受高达130℃的温度。

(4) 能够抵抗常见的化学品和溶剂的腐蚀。

(5) 易于加工和制造,可以通过常规生产工艺进行加工,如切割、钻孔、蚀刻等。

(6) 符合RoHS指令等环保要求,不含有害物质,对环境友好。

(7) 由于这些特点,FR4 PCB板材广泛应用于各种领域,包括消费电子、通信设备、汽车电子、工业控制系统等。它是一种常见且可靠的PCB基材选择。在普通的电子电路中,我们一般都选择FR4材料。

对设计师来说,FR4材料最重要的参数是相对介电常数。需要注意PCB的芯板和半固化片特性有所不同。

PCB芯板实际上是一种或多种半固化片(预浸料)经过压制、硬化和加热固化后成形的层压板,每一面都有铜箔。

而半固化片中的树脂材料包裹着玻璃纤维的编织物,树脂尚未固化。半固化片与芯板叠层后进行压制时,树脂受热才会开始与相邻层粘合并慢慢固化,材料性能开始接近芯材。

PCB板芯材料与半固化片材料的相对介电常数取决于树脂含量、树脂类型和玻璃纤维的分布。在需要设计非常精确的阻抗匹配的电路板时,这是一个值得注意的问题。

半固化片中的玻璃纤维可以编织得非常紧密,也可以比较松散。在制造过程中可以用编织机器进行控制。玻璃纤维的间隙和均匀性都会影响其相对介电常数,从而导致电路板中信号走线发生阻抗变化、色散、损耗等效应。

对于有较高要求的电路板,例如服务器、路由器、高速数据传输电路PCIe、以太网、无线通信电路、微波射频电路等应用的高速数字电路板,要求PCB板材有更低的相对介电常数和损耗因子,以提供更好的高频性能。可选具有较低的相对介电常数(通常小于2.2)和损耗因子(通常小于0.001)、热稳定性好、机械强度高的高频板材,如聚四氟乙烯板材和罗杰斯公司生产的RF系列板材。

对于环保要求高、安全等级高的电子消费品、电子通信设备、汽车电子、医疗设备等领域应用的电路板,可以选择环保和阻燃性能好的无卤层压板。

高端应用如军事和航空航天产品,需要选择玻璃纤维增强聚酰亚胺(Polyimide)基板材料,这种特殊的PCB材料不仅高频特性优良,有出色的高温稳定性,特别适合高温工作环境,而且不含有害物质,对环境友好。

聚酰亚胺基材则常用于柔性电路板。

2. 玻纤布

FR4 介质材料中的玻璃纤维编织布(以下简称玻纤布)(如图 3.2 所示)是基板材料的
骨架,可以提高基板的强度,维持结构的稳定性。
电子玻纤布主要有 E-玻纤布、扁平 E-玻纤布和
NE-玻纤布等几种,其中常规的 E-玻纤布具有良
好的电气绝缘性和机械性能,且价格较为低廉,
因此在基板材料中应用最多。

玻纤布的相对介电常数($\varepsilon_r \approx 6$)与环氧树脂
存在较大差异($\varepsilon_r \approx 3$),介质材料的总相对介电
常数取决于两种材质在介质材料中所占的比例。
由于玻纤布是编织成网状的,且通常玻纤束的直
径要比 PCB 走线宽度大,因此 PCB 上不同的位
置呈现的阻抗会有所不同,这种差异足以影响

图 3.2　玻璃纤维编织布

PCB 走线阻抗的精确控制。走线经过不同玻纤位置时阻抗会发生波动,从而影响信号传输
质量,特别是对差分线对的影响较大,是导致信号线间串扰和 EMI 的原因之一。这就是所
谓的玻纤效应,在高速信号布线时要考虑它对信号的影响,采取适当的措施。

在选择 PCB 板材时,可根据需要选择玻纤束间隙小、玻纤束与环氧树脂两者相对介电
常数接近、介质均匀的材料,以减小玻纤效应的影响。

3. 铜箔材料

在选择 PCB 板材时,导电层的铜箔厚度是一个必须考虑的指标,铜箔厚度决定了 PCB
走线允许流过的电流大小。

表示印刷电路板上铜厚度最常用的单位是盎司(oz)。铜箔厚度计量单位使用 oz,在
PCB 设计行业内已成标准。如果厚度以 μm 记,数值不方便换算,这是 oz 在行业内使用的
原因。说明如下:其计量原理是将 1oz(1oz=28.35g)的铜块压成铜箔,使其均匀地覆盖
$1ft^2 (0.093m^2)$的平面,此时铜箔的厚度为 1.37mil(1mil=0.0254mm)。常用铜箔厚度参
数的不同计量单位换算表如表 3.1 所示。

表 3.1　铜箔厚度单位换算

oz	0.5	1	1.5	2	3
mil	0.68	1.37	2.06	2.74	4.11
μm	18	35	53	70	106

大多数 PCB 每层的铜厚都是 1oz,如果设计文件中没有标注铜箔厚度规格,一般都假
定所有铜厚均为 1oz。如果设计需要承受更高的电压和电流,或需要更小的走线阻抗,则
PCB 要选择更厚的铜箔。EDA 软件或在线工具可以帮助计算确定需要多厚、多宽或多长
的铜线才能达到要求。

另一个需要考虑的重要参数是铜箔的粗糙度,尤其是在频率很高、需要精确控制阻抗

的应用场合。高频电流的趋肤效应是铜箔粗糙度影响信号完整性的主要原因。当高频电流流过导体时,电流会趋向在导体表面集中,越靠近导体表面电流的密度就越大,而导体内部电流很小。用公式(详见4.4.1节)可计算当频率达到1GHz时的集肤深度,信号在导线表面的集肤深度仅为$2.1\mu m$,信号在粗糙的铜箔上传输,将产生严重的反射并导致信号传输路径变长,损耗增加。可见PCB铜箔的表面粗糙度对信号传输质量有较大的影响。

PCB铜箔材料按粗糙度指标来区分,有常规铜箔(STD)、高延展性电解铜箔(HTE)、反转铜箔(RTF)和低/超低表面粗糙度铜箔(VLP/HVLP/UHVLP)等几种。

STD铜箔毛面粗糙度约为$5\mu m$,光面粗糙度约为$3\mu m$;RTF铜箔毛面和光面粗糙度约$3\mu m$;HVLP铜箔光面和毛面粗糙度均在$2\mu m$以内;而UHVLP粗糙度小于$0.5\mu m$。

PCB中传输线损耗主要包括介质损耗和导体损耗两个部分。在5GHz以下铜箔粗糙度的影响不是太明显,大于5GHz铜箔粗糙度的影响开始越来越大,在大于10GHz的高速信号的设计时尤其需要重视。

虽然铜箔表面越光滑、粗糙度越小,信号传输阻抗越小,但是过于光滑的表面附着力太差,PCB压层可靠性容易出问题。因此设计者应该平衡信号完整性与可靠性两方面的要求,选择适当粗糙度的铜箔。

4. 阻焊油墨

阻焊油墨覆盖在电路板铜箔表面以保护电路板避免铜箔氧化,也可以防止电路板在波峰焊接和回流焊接过程中的焊锡、助焊剂等与铜箔接触。我们平常看到的PCB颜色其实就是这层阻焊油墨的颜色。

现在几乎每个PCB生产厂商都可以提供各种颜色供设计者选择,例如黑、白、红、蓝、紫、黄、绿等,几乎什么颜色都有。

绿色是大多数设计的选择,因为绿色出现得最早,油墨生产技术成熟稳定,成本最低。而且对绿色的电路板人眼睛看着舒服。绿色的电路板配白色图标或文字对比度刚刚好,对长时间对着电路板测试和检查的人十分友好,长时间工作不累。绿色的板、金黄色的焊盘、黑色的IC、银色的引脚,颜色搭配美观。相反红色对人眼刺激大,看久了眼睛就受不了。而白色和黑色对比度低,很难看清楚电路板上的走线和过孔,人工或机器视觉检查和维修都非常困难。

白色油墨反光度最好,对光线颜色污染也最小,因此常用在LED灯具电路板上。黑色吸收光线的特性,也是它常用于相机、光学仪器等电路上的原因。

不过红色和紫色的电路板非常抢眼,而黑色给人一种沉稳神秘的感觉,这几种颜色也常常用在计算机主板、显卡等产品上。艳丽的颜色对产品销售非常有帮助,而生产方面的成本就是次要考虑了。

3.1.2 PCB设计需要了解的常见工艺参数

为了避免工艺可制造设计问题,设计师应该与PCB制造工厂的技术人员密切合作、充分沟通,了解他们的制造能力和要求,最好参考工厂提供的最佳设计工艺参数。当然双方沟通的基础就是,PCB设计师熟悉PCB的制造生产流程,以及常见的工艺常数。

表3.2是某PCB生产厂商的基本(铜箔厚1oz时)工艺参数介绍。

表 3.2　PCB 基本工艺参数

PCB 工艺项目		参　数　约　束	建　议　值	说　　明
走线	最小线宽/mil	4(双层板) 3.5(多层板)		
	最小线间距/mil	4(双层板) 3.5(多层板)		
	线宽公差	±20%		
	线边到焊盘间距/mm	≥0.1		多层板≥0.09
钻孔	孔径/mm	0.3~6.3(层数≤2) 0.15~6.3(层数≥4)		
	孔径公差	+0.13/−0.08mm		
过孔	焊盘内外直径/mm	φ0.3/0.5(层数≤2) φ0.15/0.25(层数≥4)	外径比内径大 0.15 以上 最小孔径 0.2 以上	
BGA	焊盘直径/mm	≥0.25		
	焊盘到线边间距/mm	≥0.1		多层板≥0.09
	盘中孔	树脂/铜浆塞孔 盖帽电镀		
阻焊	厚度	≥10μm		
	最小阻焊桥(最小焊盘 间距)/mm	0.2~0.23(双层板) 0.1(多层板)		
铜厚	外层铜厚(双面板)/oz	1,2,2.5,3.5,4.5		
	外层铜厚(多层板)/oz	1,2		
	内层铜厚/oz	0.5,1,2		

需要注意的是这个表中的工艺参数通常代表了厂商最高的工艺水准,但并非是设计者应该采用的最佳工艺参数。因为越接近极限的工艺参数,制造成本上升得越快,生产良品率也会有所下降。设计者应当从产品的实际要求出发,平衡设计难度与工艺难度、制造成本以及可靠性等因素,从整体出发,择优选择适当的工艺参数。

3.2　PCB 设计中布局的经验规则

在众多设计规则的约束下进行 PCB 设计,不是一件容易的事情。特别是近十年来,电路变得越来越复杂,功能需求不断增加,一个电路单元可能包含模拟、数字、射频、大电流电源等各种类型的电路,而可用的电路板空间却在减少,以适应越来越小的产品尺寸要求。高速 PCB 设计需要精确的布局,以避免信号完整性问题和 EMC 问题。产品外形尺寸日益小型化,PCB 设计必须通过热管理设计来解决电路散热问题。

所有这些艰难的工作就是 PCB 设计工程师每天的任务,他必须不断努力尝试新思路和新方法,将更多的元件装进小小的 PCB 中,并能让它们好好地运行。

PCB 上元件布局的重要性不言而喻。这项工作比想象的要复杂得多,因为 PCB 设计师必须不断地在电路性能和制造成本之间取得平衡。同一张电路原理图,交给不同的 PCB 设计人员,可能得到电路性能完全不同的电路板。其中的原因,很大一部分是元件的布局引起的。

关于 PCB 布局的经验规则是很多的,但大部分与其他设计阶段如电路设计、布线等有关,这也反映了布局阶段工作的重要性。这里简单地介绍一些常见的重要的经验规则。

3.2.1 预先进行平面规划

在真正开始元件布局之前,先对 PCB 的平面空间做出一个分区布置规划,而不是一上来就随意选择元器件,在 PCB 上开始一个一个地摆放,然后不断调整它们的位置。首先要搞清楚 PCB 上能够放置元件和走线的空间有多大,这些空间放置哪些元器件才是合理的,哪些空间留作布线通道,哪些区域是不能放置元件或走线的。因为我们需要一个全局的视角来审视所有元器件和连线,在整体上规划它们的位置和连接路径。PCB 设计操作的粒度不是单个的元器件,而是电路的功能块。这个设计可以在纸上完成,也可以在 EDA 软件中进行。

预先进行规划是非常有必要的,应当引起足够的重视。这相当于大战来临,排兵布阵之前,先了解敌我双方阵地的空间大小、各区域之间的地理、交通状况。地形平坦、空间开阔的区域适合坦克和步兵推进,有河流经过的区域要重点安排工兵搭桥过河,机场和远火炮兵阵地则安排在后方阵地,等等。

对布局进行预先规划和推演,不仅有助于布局阶段顺利进行,还有利于将后续设计中可能出现的问题提前考虑,消除隐患,准备好几套应对的解决方案。否则在设计开始以后再进行大范围的布局调整,是要付出很大的时间成本和人力、物力代价的,甚至只能推倒原先的设计重来,严重影响设计的进度计划。

平面规划图是原理图和 PCB 设计图之间的桥梁,是设计师思考元件布置的开端。规划图能清晰地展现信号在功能模块之间的流动方向和大致的路径,帮助设计师根据信号完整性目标,来优化元件和连线的布局。

1. 平面规划的基本步骤

(1) 首先根据设计资料确定好 PCB 形状、平面尺寸、元件高度限制、输入输出位置等要求,画出大致的 PCB 外形图。

(2) 根据电路原理图、元器件数据手册、设计要求和目标等设计资料,对即将进行布局设计的 PCB 做初步的、整体性判断,确定布局的重点和难点,以及期望达到的目标。例如在规定的有限尺寸的 PCB 内完成所有元件的布置,或者尽量缩小 PCB 尺寸以达到缩减成本的目的,或者是达到所有信号完整性设计目标,以保证最终电路的性能指标符合要求。

(3) 在原理图上根据电路的功能进行分组,属于同一功能单元的元器件,在 PCB 上要将它们尽量靠近放置在一起,成为一个相对独立的功能块单元。有的原理图附有层级原理框图和单元电路框图,这些也是进行功能分组的重要依据,甚至可以直接使用。

具体来说,功能块划分的一般原则是:

- 按信号类型、频率划分,如数字电路、模拟电路、音频电路、射频电路等。
- 按功能属性划分,如时钟电路、滤波电路、电源电路、接口电路等。
- 按消耗功率划分,如发热量较大的功率放大电路、需要散热器的元件或电路。
- 按工作电压或电流划分,如高电压、大电流电路。
- 按核心和外围电路划分,如引脚很多的 CPU、DSP、DDR SDRAM 等高速芯片。
- 按 EMI 辐射强度划分,如高频电流较大的 DC-DC 电源变换器电路、射频 PCB 天线等。

- 按对外界干扰敏感程度划分,如采样电路、数模转换电路、基准电压电路等。

以上这些电路都应该划分成功能块,在布局时做相应处理,妥善安置。

(4)对划分好的电路功能块按照系统构成的原理框架、信号流向、电路类型、功能实现,以及电路板安装的要求等设计参数,在 PCB 上进行区域划分,合理放置这些功能块。

(5)根据信号流向确定功能块之间的先后次序,使信号从输入、处理到输出的流动路径清晰,各功能块之间的连线最短,信号路径不相互交叉。

(6)根据电路输入输出插座、电源插座、面板接口等的位置和朝向要求,确定好它们在 PCB 上的大致位置。

(7)先定位有核心关键元器件的功能块,例如引脚多、信号数量多的集成电路(如 MCU、DSP 等的电路),一般要放置在 PCB 的中心位置。对于射频电路如蓝牙、WiFi 以及板载天线等电路,优先将其放置在 PCB 靠边的区域,有利于外接天线,并减小天线对 PCB 其他电路的干扰。

(8)安排放置功能块时,同时考虑功能块之间连线的布线。尽可能地优化功能块的摆放区域,保证布线通道有足够的空间,尽可能地减小连线长度。同一信号链路上的元器件,尽可能地放置在相邻的区域。尤其是要求控制阻抗的高速信号走线,要优先考虑,尽可能地保证连线最短、间距满足要求,或者给需要等长的高速信号线留出足够的空间来做等长处理。

(9)将有较大干扰的功能块如开关电源、射频电路等,以及噪声敏感的功能块如模拟输入、数模转换器等,尽可能地分开放置,并减小它们之间的信号线交叉、并排或重叠。

(10)高速数字电路如 MCU、存储器、高速时钟器件(晶体振荡器)等应该远离 PCB 的输入输出插座,因为高速数字信号产生的 EMI 干扰很容易从插座电缆辐射出去。

(11)大功率、发热量大的电路功能块要优先放置,以便布置散热器或在布线铺铜时考虑散热问题。

(12)对于重要而细小的元件如旁路电容和终端电阻,在规划阶段放置好主芯片后就确定它们的位置,而不是等到设计的最后阶段才勉强塞进来。

(13)在规划电路功能块的位置时,还应考虑电源平面和接地平面的要求,尽可能地规划完整的电源平面和地平面。

(14)避免将一个功能组中的元件放置在别的功能块电路中间。

2. 反复多次优化

PCB 平面空间规划,可能会得到多种方案,这时候需要比较各种方案的优劣,选择各方面优势均衡、成功把握高的方案。选定一个方案后,再进行多次优化。例如适当调整元件位置朝向、布线的路径等。重点优化可能出现信号完整性问题和 EMC 问题的电路功能块。

在布局方案选定以后,要与其他电路、系统结构、外壳机柜、安装调试等的设计人员充分沟通,了解彼此的关切点,相互确认,避免误解,以保证整个产品设计的成功。

必要时,要进行整体或局部的试验性布局,如放置元件、布线,进行仿真或实物验证,确保布局设计能达到设计要求。

3.2.2　元件布局的经验规则

平面空间规划方案确定之后,正式开始在 PCB 上放置元件。依次选择分组功能块,放置在规划的区域。然后在功能块内适当调整元件位置,最后固定下来。

在功能块内部元件的放置,也有一些相关的经验规则,可以根据实际情况采纳使用,有助于加快元件定位过程,避免犯常见错误。

1. 首先放置有位置尺寸精度要求的元件

电路板上经常有一些输入输出插座,它们必须放置在事先设定的位置上,而且尺寸精度有一定的要求。因为这些接插件可能要与外壳或面板上的开孔对齐匹配,或者与其他电路板上的接插件对接安装。

PCB 上还有安装孔、散热片和其他需要精确定位的元件,都要优先放置,确定无误以后将它们的位置锁定,避免在进行布线时移动,造成难以察觉的错误。需要精密安装的电路板,最好在固定元件之后,输出三维模型文件,交给结构设计人员确定后,再进行电路其他元件的放置。

2. 优先放置引脚多、高速信号多的处理器或存储芯片

这些芯片通常是四面引脚或底部引脚(如 BGA),有大量信号连线与其他电路元件相连,它们是布线的重点和难点,在布线阶段可能要付出最多的精力。因此这些芯片的布局位置非常重要,影响范围大,可谓牵一发而动全身,必须优先放置这些大元件,以保证它们在各个方向引出的走线,尤其是要求控制阻抗的高速传输线、差分线都有足够的布线空间,使信号流向通畅、不交叉、不迂回绕弯,同时为需要等长的差分线留下足够的调整空间。

3. 按信号流动方向规划布线通道,避免信号连线交叉重叠

将电路信号的流动方向设计成单向形式,根据电路的信号流向来确定元件的摆放朝向和摆放次序,各信号通路直上直下,互相不交叉重叠。

最常见的一种是从左到右或从上到下的信号流向式布局,这种布局适合相对简单的电路,例如模拟电路或有少量数字电路的简单模数混合电路。

另一种是信号从中心向四周辐射的布局,一般是以电路中的核心元件,如 MCU 为中心,然后针对芯片的输入输出引脚的出入信号线进行布局。这种布局方式适合功能复杂、各种类型器件较多、信号线多的电路,特别是四周布满输入输出接插件的电路板。

注意:为元件之间的连线规划布线通道时,按信号速率的高低,分开布线排布。避免走线过于密集,防止信号线交叉重叠。

走线上的过孔可能会破坏参考平面的完整性,导致信号返回路径受阻,因此也要提前规划,以保证信号线有清晰的返回路径。

4. 优先放置关键的数据接口

重要、关键、高速的数据接口位置会影响相关元件的布局位置,设计者必须先确定不同接口的优先级。开始布局和布线时按照优先级的顺序,首先处理布置优先级高的接口,然后再处理优先级较低的接口。这是因为当设计者发现布局存在缺陷,需要重新布置时,往往会浪费大量精力。越是后期的布局,调整的余地就越小,因此一定要优先完成重要而关键的接口。

5．贴片元件放置在同一面

尽可能将元件放置在同一面，便于缩短布线长度，也有利于电路板组装加工，特别是将贴片元件只放置在一个 PCB 面上，能大幅降低贴片加工的成本。

将高速芯片和直接相关的元件放在电路板的同一层，这样避免走线使用过多的过孔而产生影响信号完整性的寄生电感。

6．时刻留意电路板组装加工时可能出现的问题

印刷电路板的组装采用自动组装工艺，包括波峰焊接（主要用于通孔元件）和回流焊接（用于表面贴装元件）。这些生产流程中的每个步骤都有 PCB 布局方面需要注意的地方。

例如使用波峰焊接的电路板，背面尽可能不放置贴片元件。如果一定要放置贴片元件，则确保有足够的空间用于遮挡贴片焊盘，而不会妨碍用波峰焊接的其他元件引脚；体积较大、垂直高度较大的元器件不宜放在电路板背面，因为波峰焊接有高度限制。

回流焊接没有波峰焊接那么多的贴装要求，但设计人员也要注意避免一些常见错误，以获得最佳的焊接效果。

对于体积较小的两个引脚的元件，例如贴片电阻、电容等，如果两端的焊盘相差太大，在加热时一个引脚会比另一个引脚接受更多的热量，锡膏可能会以不同的速度熔化，由于熔化焊锡的表面张力，会导致一个焊盘上熔化的焊料将零件从另一个焊盘上拉出来，甚至完全竖立起来，这种现象被称为"墓碑效应"。

在 PCB 布局设计中，可以采取以下措施来减少墓碑现象的发生：

（1）合理设置元件焊盘的间距，避免焊盘之间过于接近，导致锡膏在焊盘之间的流动。

（2）调整元件的位置和方向，尽量保证元件两端的布线状况一致，例如走线和过孔离焊盘边缘的距离，以帮助焊盘同步浸润焊锡。

有些电路板组装后，可能需要对焊接不好的地方、无法通过自动流程完成焊接的部件，进行人工补焊。电路板设计时要留出空间，以便使用镊子、烙铁等工具来焊接维修。放置在较大零件下面的小零件，维修工人很难接触到，以后电路板检查、维修也是一个问题。

自动组装流水线通常要用在线测试仪器，来检查电路板的焊接质量。电路板设计时，要放置用于在线测试的测试点。测试点有自己的设计规则，如大小间距等，布局时要对这些测试点加以考虑。

电路板通常都要经过测试和调试，尤其是在刚开始开发时。开发的电路板会使用插座、探针触点或其他接口，用来插入测试夹具的连接线。为了方便在测试过程中轻松地插入或拔出连接器，或将电路板安装在测试夹具上，PCB 设计人员需要将这些元器件放置在尽可能容易接触到的地方，尽可能提供测试夹具所需要的空间。

7．美观也是布局的一部分

PCB 设计在一定程度上是艺术创作，元件高低错落有致，走线干净整齐，标注清晰，设计精美的图案，令人赏心悦目的电路板，也是优秀设计的一种表现。

（1）元件对齐——按元件外框或者中线坐标来定位（居中对齐）。相同封装的元件整齐排列。

（2）元器件在高度方面错落有致，不仅便于生产和维修，在视觉上也给人统一、有节奏的韵律感。

（3）走线简洁，不到处乱串、交叉、迂回，整齐排列，间距符合设计规范。

（4）PCB上除了元件位号等标识外，添加清晰的说明标签和指示图标，可以方便使用者对元件和连接进行识别，同时也可以增加整个PCB的美观度。

（5）选择适当的PCB颜色，例如深黑色或白色、浅黄色等可以提高对比度，增加美感。

（6）选择适当的元器件，使相同类型的元件外观（封装、颜色等）尽量一致，也能增加PCB的美观。

3.3 叠层设计

多层印制电路板是由数层绝缘材料和铜箔叠层后压制而成的，制造过程是预先将几种材料做成半成品，如芯板和半固化片、铜箔等，然后根据PCB设计要求，以芯板为基础叠加半固化片和铜箔，最后经过机器压制，半固化片的环氧树脂融化将各层紧紧粘接在一起，形成绝缘层。就这样反复进行铜箔腐蚀线路、叠层、压制工艺，最后得到一块多层PCB。

PCB叠层指的就是电路板的这种层次结构的设计方案。

PCB的叠层设计对于电路的性能、EMI辐射水平、电路组装成本、制造稳定性等有重要影响，不同的叠层结构可以实现不同的电路特性，满足信号完整性和电源完整性要求。在高速PCB设计时，需要根据具体的设计条件和目标进行合理的叠层设计。

使用多层板的主要目的，除了提供大面积、立体的布线空间，满足大规模、高密度电路板的设计要求，降低电路板制造成本，更多的是为了更方便地以各种形式的微带线和带状线来完成高速信号走线，使其获得更好的信号完整性方面的性能，满足产品电磁兼容的要求。

在过去主流是单层板或双层板时，很少考虑叠层的问题，板厚对电路性能的影响不显著。随着多层高密度电路板的出现，PCB叠层设计变得越来越重要，是高速电路板实现电磁兼容目标的关键手段，也是实现高效、低成本大规模制造的主要方法。

PCB叠层设计的主要任务是通过合理的叠层设计，保证信号传输的完整性，降低信号串扰、失真和损耗，降低电磁辐射水平，同时避免外界噪声干扰敏感电路，使产品满足EMC电磁兼容的法规要求。叠层设计中还要考虑电路板的热管理问题，通过合理的叠层设计，解决电路中高热量元件和电路的散热问题，降低电路板工作温度，保证电路运行的稳定性。同时，PCB的制造成本控制也是需要完成的设计任务。

PCB叠层设计的内容主要包括确定导电铜箔层和绝缘层的层数、它们的叠加顺序和间距，以及将哪些铜箔层用于信号布线、哪些作为有屏蔽作用的电源平面和地平面等。叠层的方式对高速信号线的阻抗、串扰大小、电磁辐射强弱等起着重要作用。

叠层设计时要考虑的约束条件包括：需要布线的信号线数量，特别是高速信号线的类型和数量；产品在EMI辐射方面需要遵守的法规要求；产品结构如是否屏蔽；设计成本目标；等等。

3.3.1 叠层设计的经验规则

根据PCB各层的信号类型和功能，PCB的导电叠层可分为信号层和电源平面层、地平面层，在导电层之间的介电层用于相邻导电层之间的绝缘隔离。信号层主要用于信号线布线，电源平面层用于电源分配，地平面层提供接地。

指导 PCB 叠层设计的经验规则很多,在关于高速 PCB 设计指南、书籍、博客文章上能找到上百条,例如常见的规则如下。

(1) 在成本允许的情况下,尽可能多地设置地平面层。

(2) 高速信号布线层设置在两层地平面层的中间。

(3) 在成本允许的情况下,设置尽可能多的电源平面层和地平面层。

(4) 电源平面层和地平面层尽可能相邻,它们之间的介质层越薄越好,相对介电常数越大越好。

(5) 叠层设计最好以中间层为轴线镜像对称。

(6) 相邻信号层以正交方式布线。

(7) 电源平面层和地平面层要尽可能地保持完整平面,不要任意切割分块。

(8) 如果可能的话,将地平面层放置在外层,并保持它的完整性。

然而简单地遵从这些经验规则会让 PCB 设计者感到迷茫,虽然众多的经验规则被证实有效,但是不可能完全遵从所有的经验规则来实现设计目标。因为在影响叠层设计的各种因素中,有些是相互作用的,有的甚至是相互矛盾、此消彼长的。调整一个设计参数,可能会使一个设计指标符合要求,但它也有可能同时影响了其他几个设计指标,造成不合格。因此设计师不得不在各种设计参数中衡量、权衡以求得整体性的设计效果。

这就要求我们对经验规则有一个全面性的了解,搞清楚每条经验规则的目的和实现的原理是怎样的。这样才能在各种经验规则之中选择、应用,最终达到设计目标。

叠层设计经验规则的实质原理。

所有关于叠层的经验规则,实际上都是围绕以下核心思想:

(1) 每条信号线必须有最小阻抗的回流路径。

为了实现这一点,PCB 叠层中的每个信号布线层都必须有一个邻近的、紧密耦合的参考层,最好是地平面层,其次是电源平面层。

高速信号线最好处在内部两层参考层之间,即以带状线形式布线,因为上下两个参考层能提供电磁屏蔽。地平面层是信号回流路径的汇集之处,地平面层的阻抗对信号完整性影响最大,因此要尽可能地降低地平面层阻抗,设置多个地平面层。

当高速信号走线换层时,要使参考层保持回流路径的连续性和紧密耦合,尽可能地使回流路径在同一个相邻的参考平面。

(2) 相邻的电源平面层和地平面层要保持最小间距,以提供较大的层级寄生电容。

电源分配网络的阻抗是影响电源完整性的最主要因素,当阻抗过大时,电源线上容易出现噪声(例如同时开关噪声)和电压波动(例如压降和电源轨塌陷)。降低电源分配网络阻抗的主要办法是并联电容,即去耦电容。电源平面层与地平面层相当于一个平板电容,大面积、完整的铜箔,相互靠近、紧密耦合,形成一个寄生电感很小的去耦电容,对降低电源分配网络的阻抗,尤其是高频段的阻抗,非常有益。因此在多层电路板中往往要加以利用,尽可能地设计一对相邻且间距小的电源平面层和地平面层。

(3) 大面积完整铜箔如电源平面层和地平面层有电磁屏蔽效果。

铜、锡、银等金属有很高的电导率,当电磁波作用于导体表面时,导体内部电子自由移动产生涡流,阻止电磁波通过,因此 PCB 中的铜箔具有电磁屏蔽作用,能减少外部电磁干扰对电路的影响,也防止 PCB 的电磁辐射影响周围环境和其他电子设备。通常在叠层中设置多个电源和地面,这是解决 EMC 问题的重要手段。

在下面的多层板叠层设计方案介绍中,可以看到这些叠层设计是怎样努力实现这些目标的。实际上由于 PCB 设计目标不同和 PCB 制造成本的限制,不可能所有的设计方案都完全做到这几点,总会或多或少地有些地方没有满足要求。但只要在成本限制的范围内,将关键的地方处理好,综合平衡各因素,兼顾局部与整体,达到电路性能和电磁兼容方面的最佳水准,都算得上合格的设计。

另外,如果把地平面层和电源平面层看作同一类功能层的话(实际上它们被统称为内电层),大多数叠层结构都以中间的芯板为轴线呈镜像对称。镜像对称可以使信号走线分布对称,电磁场分布均匀,有利于减小电磁辐射和接收外界干扰。另外,镜像对称结构使 PCB 有更高的机械强度,在恶劣环境中不容易弯曲变形,有利于提高电路工作的稳定性和可靠性。

3.3.2 对 PCB 层数进行估算

估算设计中所需的信号层和电源平面、地平面层的数量,是颇为关键的一步,确定层数以后才可以安排布置各层的用途,且后期不太可能改变。

PCB 层数首先关系到电路板的制造成本,层数越多,PCB 制造流程越长、使用的介质材料和铜箔材料也越多,PCB 成本也就越高。

多层 PCB 中,每一层所承担的功能是不同的,例如信号层主要是放置走线,保证元件之间的信号互联互通;而电源平面层和地平面层除了提供电源分配和信号返回电流路径外,还有屏蔽电磁辐射的功能。电路板的性能最终是由各层的电气性能共同达成的,电路板叠层设计同时影响信号完整性、电源完整性和 EMC 性能。

多层 PCB 的层数要合理,太少或太多都是不合适的,在众多设计目标和成本控制要求中,仔细研究,综合考虑,有时甚至要通过仿真、实测来确定,求得设计目标和各要素之间的平衡。

决定 PCB 叠层数量的主要因素有:

- 电路的高速信号在信号完整性方面的要求,更多层的 PCB 可以提供更好的信号布线类型,例如阻抗稳定的微带线和带状线,以减少信号的串扰和干扰。对于高速信号和敏感电路,通常需要比较多层的 PCB。
- 产品电磁兼容标准要求。在叠层中设置多个完整铜箔的地平面和电源平面,可以提高电磁屏蔽效果,有助于产品通过 EMC 检测。
- 电路的工作频率。系统工作频率越高,高速信号线产生的电磁辐射也越大,要求有电磁屏蔽功能的内电层数也越多。
- 元器件散热要求。大面积的铜箔和稀疏的元件布局,有助于散热。叠层越多,就有越多的铜箔可用于散热,布线空间也大,能放置的散热过孔也越多。
- 电路元件数量、封装尺寸。
- 电路复杂度、信号类型和数量。叠层数量与电路的复杂度直接相关。如果电路包含大量高速信号线、多种类型的电源和地,则需要更多的叠层来满足信号传输和电源分配网络的布线需求。
- 电路板的三维尺寸要求、PCB 厚度和元件布线密度等。引脚多、元件尺寸小的封装例如 BGA,需要较多的信号层来扇出信号完成布线。

以上因素决定了层数,增加层数就增加了可布线的 PCB 面积、更多的电源和地平面,带来更好的电路性能,但生产成本也增加了。设计师的职责就是在这些因素中综合考虑,以最经济的叠层设计方案满足电路性能要求。这个过程复杂而耗时,对 PCB 设计师来说是一个考验和挑战。适当地借助 EDA 工具和经验规则,参考借鉴那些经受实践考验的叠层设计方案,就能很好地完成这一任务。

3.3.3　为传输线阻抗设计做好前期准备

为了保证信号在传输过程中的稳定性和一致性,减小信号失真、串扰、损耗等导致误码率上升、信噪比下降和电磁辐射等问题,一个重要措施就是控制传输线的阻抗,并保持阻抗的连续性,避免出现阻抗不连续而产生反射。传输线阻抗是指信号在传输线上感受到的瞬时阻抗。传输线阻抗决定了信号在传输线上的传输速度和衰减程度。在 PCB 设计中,如果传输线阻抗不匹配,会导致信号反射和干扰,从而影响信号质量。因此,高速 PCB 设计要进行传输线阻抗设计,保证信号在传输过程中的稳定性和一致性。

传输线阻抗只与传输线单位长度的寄生电阻、寄生电感和寄生电容有关,均匀的传输线阻抗与信号在传输线上的位置无关。传输线阻抗设计需要考虑 PCB 材料的介电常数、线宽、线间距等因素,以及信号频率、上升时间等参数。通过合理的设计,可以使传输线的阻抗与信号源和负载的阻抗匹配,从而最大限度地减少信号反射和干扰,提高信号的传输质量。

因此在叠层设计和布线阶段,要进行走线阻抗预估和计算设计。

在叠层设计时,要考虑哪些高速信号线要进行阻抗控制,是以微带线还是带状线来进行 PCB 布线,并为这些初步规划的传输线布置相应的叠层结构,例如带状线要求有上下两层地平面层相邻等。在布线阶段,我们要对传输线进行详细计算,根据设计要求如传输线的特征阻抗和误差要求,运用计算工具得出符合要求的线宽、间距等参数。影响传输线特征阻抗的四个参数是:

① 介电常数。
② 介质厚度。
③ 铜箔厚度。
④ 走线宽度。

除了最后一项,其他三个参数都需要在叠层设计时确定。根据电路性能要求、工作频率、EMC 要求等,选择适当的介质材料和叠层方案。

介质层厚度对传输线阻抗影响最大,要对 PCB 板材的介质厚度,包括芯板和半固化片,进行严格控制。选择板材进行叠层设计时,也要注意对介质厚度的选择和控制。

一条经验法则就是参考证明有效的成熟设计或 PCB 厂商提供的有阻抗等测试数据的标准板材,前提是要充分理解材料的参数、叠层方案的设计原理,各层的设置是为了解决什么问题、达到什么目的,有什么优点和缺点,适用于什么电路和信号类型,等等。

下面简单介绍几种多层 PCB 的叠层设计方案,以及它们是如何实现设计思想的。

3.3.4　单面板和双面板的叠层

对于单层板和双层板来说,由于板层数量极少,不存在叠层的问题。主要从布线和布局来考虑信号完整性,以及如何控制 EMI 辐射。

实际上,单层板和双层板的电磁兼容问题比较突出,不适合高速信号电路。造成这种现象的主要原因是元件和走线的布置空间太小,PCB 的大部分空间都用来放置元件和布信号线、电源线了,接地铜箔的面积太小,甚至没有,因此无法解决信号的回流路径阻抗过大的问题,频率高的信号线产生了较强的电磁辐射,而且电路对外界干扰敏感。在单层或双层板上实现一个满足信号完整性和 EMC 要求的高速信号电路,是比较困难的。因此选用单层或双层 PCB 的,大都是 50MHz 以下的低频数字电路和音频模拟电路等元件密度低、电路不太复杂的低成本应用。

改善双层电路板的信号质量和减小电磁兼容问题,最简单的方法是布置大面积、完整的接地铜箔,减小地线的阻抗。一个通常的做法是,顶层用作焊接元件和信号布线,底层作为地平面层,尽可能不在底层布信号线,以免破坏地平面层的完整性。

对于信号走线,一个经验规则是减小信号路径和回流路径构成环路的面积。要做到这一点,首先信号走线要尽可能短,其次信号路径要与地线相邻。上层的走线下方要有接地铜箔作为回流路径,如果下方没有接地铜箔,在信号线周围要有接地铜箔相邻,甚至可以用接地铜箔包围信号线。

避免跨越分割地平面走线,因为这样做会使信号返回电流的路径中断,不得不绕行而形成较大寄生电感的环路,产生较大的阻抗,导致噪声和电磁辐射。

要重点关注高频信号走线,主要是产生较强辐射的时钟信号线、晶体振荡器、数据总线和地址总线上的数字信号,还有那些对外界敏感的信号例如电平较低的传感器的模拟信号线。

需要控制阻抗的高速信号走线,例如 USB 2.0/3.0 要求差分阻抗为 90Ω,射频电路走线通常是 50Ω。在单层板上只能以共面波导线的形式布线,在双层板还可以用微带线的形式布线。但由于双层板的介质层比较厚(薄的介质也是有的,但电路板强度很小),控制阻抗的走线宽度就比较大。例如板厚为 0.8~1.6mm 的双层板,介质厚度为 20~60mil,微带线单端阻抗 50Ω 的话,走线线宽为 30~50mil。这是一个比较宽的线宽了,使本来就缺少布线空间的 PCB 上更加拥挤。所以在单层板或双层板上一般只能布少数控制阻抗的传输线。

3.3.5　四层板的叠层

多层板可以明显减小 PCB 的电磁辐射,改善信号质量。因为多层板可以设置比双层板更多的地平面层和电源平面层,它们可以放置在 PCB 的表面或放置在 PCB 的内部,起到电磁屏蔽的效果。更重要的是地平面层可以与信号走线层紧密耦合,减小了信号路径与回流路径构成环路的阻抗,从而减小地弹噪声。顶层信号层与地平面层紧密耦合,使电磁场绝大部分集中在信号走线层和地线层之间的狭小空间中,减小了信号走线层之间的串扰。

因为去耦良好的电源平面层与地平面层之间的阻抗非常小,信号层与电源层紧密耦合,信号的回流路径通过电源平面层后到达地平面层,所以也能起到减小回流路径阻抗的作用,只是效果比信号层直接与地平面层耦合稍差。因此重要的信号走线一般放置在与地平面层相邻的信号层,其他信号线可放置在与电源平面层相邻的信号层。

完整的大面积的地平面,直流电阻和寄生电感比小面积的地平面更小,一个低阻抗的地平面对减小电路系统的共模干扰起很大作用,是减小噪声传导的重要措施。

有完整的电源平面的电源分配网络,比双层板中的电源走线阻抗更小,有效地防止开关噪声和电源轨塌陷等问题同时出现,在较宽的工作频率范围内保证电源的完整性。

选用四层板的主要目的,是为了摆脱双层板中高速信号线布线的窘境,解决阻抗受控的信号传输线线宽太大的问题,也改善了所有信号的传输质量,使电路更加稳定可靠。虽然增加了两层电源平面层和地平面层集中处理电源分配网络和地,但是四层板并没有比双层板增加太多的布线空间。因为在一般情况下,应避免在电源平面层和地平面层布信号线,以免出现铜箔平面被分割、切碎。不完整的地和电源平面,其阻抗会大幅增加,进而影响信号走线的信号完整性和电源完整性。

四层板的四个导电铜箔层,分别配置不同的功能,如用于信号线布线,或用作电源平面层、或用作地平面层等,可以有好几种组合方案。

四层导电层任意组合还不能称为叠层设计,因为我们还要考察这些可能的组合中,哪些实现了前面所述的设计目标,即是否获得了更好的信号传输质量、更低的电源、地噪声和更小的电磁辐射。当然也不是任意一个组合都值得分析研究,毕竟元件始终应该放在顶层或底层。所以下面只分析几种可能的组合。

(1) S-G-P-S。

(2) S-P-G-S。

(3) G-S-S-P,P-S-S-G。

(4) G-S/P-S/P-G。

(5) P-S/G-S/G-P。

(6) S/P-G-G-S/P。

上面列表中的S代表信号层,G代表地平面层,P代表电源平面层,符号/表示两者共用,例如S/P表示此层是可以布信号走线的电源平面。上述符号的顺序是四层板从顶层到底层的分配顺序。

除了叠层顺序,层与层之间的介质厚度也是一个可选择项,可以与上述叠层顺序构成更多的组合。只不过介质层厚度设计者一般在PCB制造厂商提供的材料型号中选取,并不能任意指定。下面对叠层方案进行分析评估时,也会对不同介质厚度的方案进行说明。

1. S-G-P-S

这是四层板中最常见的一种叠层方案,如图3.3所示。这个方案是顶层和底层为信号层,第二、第三层分别为地平面层和电源平面层。

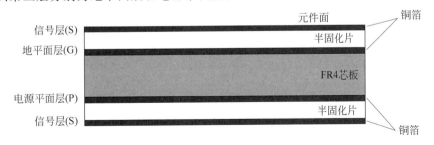

图3.3　四层板叠层方案 S-G-P-S

由于四层板结构都是芯板上下叠加半固化片和铜箔压制而成的,一般都是芯板(core)介质层较厚而半固化片较薄,所以四层板铜箔的层间距不都相等。以国内某PCB板厂商的数据为例,常用的四层板层厚参数如表 3.3~表 3.6 所示。

表 3.3   常用四层板结构 1

PCB 层	材料参数	压层厚度(总厚 1.6mm)
L1	1oz 铜箔	1.38mil(0.035mm)
PP	半固化片 7628,8.6mil	8.28mil(0.2104mm)
L2	0.5oz 铜箔	0.6mil(0.0152mm)
芯板	1.1mm H/HOZ	41.93mil(1.065mm)
L3	0.5oz 铜箔	0.60mil(0.0152mm)
PP	半固化片 7628,8.6mil	8.28mil(0.2104mm)
L4	1oz 铜箔	1.38mil(0.0350mm)

表 3.4   常用四层板结构 2

PCB 层	材料参数	压层厚度(总厚 1.6mm)
L1	1oz 铜箔	1.38mil(0.035mm)
PP	半固化片 3313,4.2mil	3.91mil(0.0994mm)
L2	0.5oz 铜箔	0.6mil(0.0152mm)
芯板	1.3mm	49.8mil(1.265mm)
L3	0.5oz 铜箔	0.60mil(0.0152mm)
PP	半固化片 3313,4.2mil	3.91mil(0.0994mm)
L4	1oz 铜箔	1.38mil(0.0350mm)

表 3.5   常用四层板结构 3

PCB 层	材料参数	压层厚度(总厚 1.6mm)
L1	1oz 铜箔	1.38mil(0.035mm)
PP	半固化片 1080,3.3mil	3.01mil(0.0764mm)
L2	0.5oz 铜箔	0.6mil(0.0152mm)
芯板	1.3mm	49.8mil(1.265mm)
L3	0.5oz 铜箔	0.60mil(0.0152mm)
PP	半固化片 1080,3.3mil	3.01mil(0.0764mm)
L4	1oz 铜箔	1.38mil(0.0350mm)

表 3.6   常用四层板结构 4

PCB 层	材料参数	压层厚度(总厚 1.6mm)
L1	1oz 铜箔	1.38mil(0.035mm)
PP	半固化片 7628,8.6mil	8.58mil(0.218mm)
PP	半固化片 7628,8.6mil	8.58mil(0.218mm)
PP	半固化片 7628,8.6mil	8.58mil(0.218mm)
L2	0.5oz 铜箔	0.6mil(0.0152mm)
芯板	0.15mm	5.91mil(0.15mm)
L3	0.5oz 铜箔	0.60mil(0.0152mm)
PP	半固化片 7628,8.6mil	8.58mil(0.218mm)
PP	半固化片 7628,8.6mil	8.58mil(0.218mm)
PP	半固化片 7628,8.6mil	8.58mil(0.218mm)
L4	1oz 铜箔	1.38mil(0.0350mm)

最后一种是特殊结构,芯板较薄(0.15mm),而 L1～L2,L3～L4 叠加了三层 PP 压制,所以 L1～L2,L3～L4 的间距更厚一些(25.74mil)。

S-G-P-S 这种叠层方案,实现了信号层与地平面层、信号层与电源层的紧密耦合。在上面的 PCB 板材层厚数据中,L1～L2,L3～L4 的间距都相等,符合前述的镜像原则,间距也比双层板小得多,最小只有不到 4mil。这样小的间距,意味着就是信号走线与地平面之间的距离最小可以到 4mil,以此数值来计算外层单端 50Ω 的微带线的线宽,只有 6.16mil,比起双层板的微带线线宽小了很多。

不过这个方案的缺点是:电源平面层和地平面层的间距比较大,电源与地之间的寄生电容不足。在高速 PCB 设计中,常常需要借助电源层和地平面层之间的电容来增大谐振频率、降低电源分配网络的阻抗。

上面的 PCB 板材层厚数据表中,最后一种特殊结构就是采用了只有 5.91mil 厚的芯板材料,大大缩减了电源平面层和地平面层的间距。但为了整个 PCB 的厚度维持一定的强度,在减小芯板厚度的同时,在 L1～L2,L3～L4 层间使用了三层 PP 叠加,这样加大了信号层与地平面层的间距,是不利的地方。所以在叠层设计中,为了协调某些矛盾的关系,做出一些让步和折中处理是难免的。

2. S-P-G-S

四层板叠层方案 S-P-G-S 如图 3.4 所示。这种叠层方案与第一种 S-G-P-S 方案的不同之处是电源平面层与地平面层交换,其实也就是把电路板 180°翻转过来。

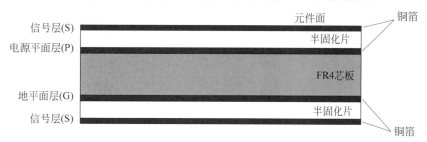

图 3.4　四层板叠层方案 S-P-G-S

这种方案适用主要贴片元件在底层的电路板,因此并不太常见。

3. G-S-S-P,P-S-S-G

这两个方案是以第 1、第 2 个方案为基础,交换了信号层和电源平面层,以及信号层与地平面层。也就是把地平面层和电源平面层移动到 PCB 的外层。G-S-S-P 结构如图 3.5 所示。

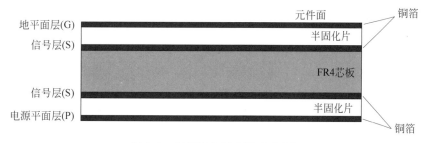

图 3.5　四层板叠层方案 G-S-S-P

将地平面层和电源平面层放置在外层,是为了利用其大面积铜箔为内层的信号层提供电磁屏蔽。信号走线均在 PCB 的内层,除了损耗大一点,信号串扰会小很多。

但缺点也很明显,一是元件是在外层,特别是顶层焊接安装,元件占位破坏了地平面层和电源平面层铜箔的完整性,尤其是元件密度比较高时,往往使铜箔支离破碎,得不偿失。二是电源平面层和地平面层距离更远了,需要加大量的去耦电容来保证电源稳定,这又使第一个问题更加严重。另外信号走线在内部也不方便调试和测量。

这个方案适合于电路不复杂,元件不多,有少量高速信号线,对电磁屏蔽需求高的电路应用。

4. G-S/P-S/P-G

如图 3.6 所示,这是上述第 3 种方案的折中改进方案,即将外层都设置成地平面层或电源平面层,内层则不再设置单一功能,而是由信号层与电源平面层或信号平面层与地平面层来共同使用同一个内层。

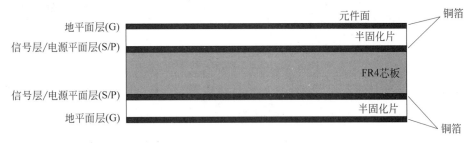

图 3.6　四层板叠层方案 G-S/P-S/P-G

这样做的好处是地平面得到了较好的保护,尤其是不放置元件的底层,大面积铜箔得以保持完整,地线的阻抗很小,地线上的噪声也很小。

大面积完整的地平面层在外层,对内层的电路有很好的电磁屏蔽作用。两个外层的地平面层也方便电路板安装时与外壳或屏蔽罩良好接触,形成一个密实的屏蔽空间。

信号线也与地平面层间距小、紧密耦合,能保证高速信号走线的传输质量。

缺点是电源网络无法布置成整块的铜箔,只能像在双层板布线那样,将电源布置成稍宽一点的走线和少量大块的铜箔。这种情况会使电源分配网络的阻抗升高,需要放置更多的去耦电容来保证电源完整性,避免电源噪声和 EMI 产生。

很明显,这种叠层方案适合于元件少、信号走线不多,功耗小、电源噪声不大,且需要很高电磁屏蔽隔离度的电路。

5. P-S/G-S/G-P

图 3.7 中的第 5 种方案,是在第四种叠层方案的基础上交换了电源平面层和地平面层。

这个方案的改进点是使电源平面层的大面积铜箔保持了完整性,保留了外层对内层的电磁屏蔽好的优点。信号层与电源平面层紧密结合,在做好电源去耦的情况下,也能得到较低阻抗的信号回流路径。

信号层与地平面层共用内层布线,在信号线不多的情况下,还是能比较容易地处理好信号层走线和地平面层走线。保留一定面积的接地铜箔,不仅与电源平面层保持紧密耦

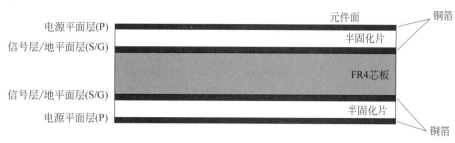

图 3.7　四层板叠层方案 P-S/G-S/G-P

合,在地平面层上接地铜箔也与信号线保持紧密耦合,还能保证信号线有阻抗小的回流路径。

这个叠层方案适合电磁屏蔽隔离度要求高,同时电源网络复杂,功耗和电流比较大的电路。

6. S/P-G-G-S/P

图 3.8 中的第 6 种方案与第 1 种类似,只是把电源走线放置到信号层上。

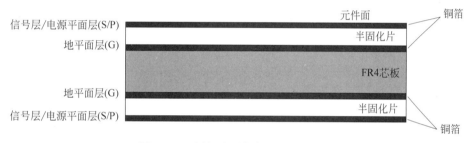

图 3.8　四层板叠层方案 S/P-G-G-S/P

此方案的优点是很突出的,就是两层完整的地平面层,地线的阻抗很低;而且两个地平面层都与电源和信号层紧密耦合,实现了信号回流路径的低阻抗,以及电源分配网络较低的阻抗,对降低地线和电源噪声、减小电路噪声对外辐射和传导起了很大作用。

这个方案的缺点是外层的铜箔不太完整,不能很好地对内层电路形成良好的电磁屏蔽。

总的来说,这个方案优点突出,对于电源分配网络不太复杂、电流不太大但对信号完整性要求高的电路来说,这是一个比较好的方案。

3.3.6　六层板的叠层

采用六层板的主要目的,是要获得比四层板更多的布线空间。3.3.5 节讲了,四层板的主要目的是增加地平面层和电源平面层来改善地和电源的阻抗,减小信号的回流路径阻抗来获得噪声更小的电路。但增加地平面层和电源平面层,并没有增加多少布线空间,在信号走线较多,尤其是高速信号线较多的电路,选择六层板更好。因为六层板是在四层板的基础上增加了两层信号布线层,通常是两块芯板加 PP 板和外层铜箔的镜像对称结构。六层板叠层对称结构如图 3.9 所示。

表 3.7～表 3.9 是国内某厂商的六层 PCB 板层厚数据。

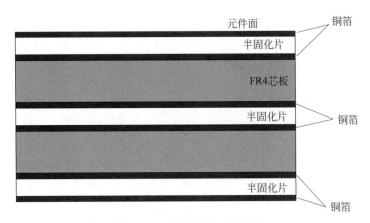

图 3.9　六层板叠层对称结构

表 3.7　常用六层板结构 1

PCB 层	材 料 参 数	压层厚度（总厚 1.6mm）
L1	1oz 铜箔	1.38mil(0.0350mm)
PP	半固化片 3313,4.2mil	3.91mil(0.0994mm)
L2	0.5oz 铜箔	0.60mil(0.0152mm)
芯板	0.55mm H/H	21.65mil(0.550mm)
L3	0.5oz 铜箔	0.60mil(0.0152mm)
PP	半固化片 2216,4.9mil	4.28mil(0.1088mm)
L4	0.5oz 铜箔	0.60mil(0.0152mm)
芯板	0.55mm H/H	21.65mil(0.550mm)
L5	0.5oz 铜箔	0.60mil(0.0152mm)
PP	半固化片 3313,4.2mil	3.91mil(0.0994mm)
L6	1oz 铜箔	1.38mil(0.0350mm)

表 3.8　常用六层板结构 2

PCB 层	材 料 参 数	压层厚度（总厚 1.6mm）
L1	1oz 铜箔	1.38mil(0.0350mm)
PP	半固化片 7628,8.6mil	8.28mil(0.2104mm)
L2	0.5oz 铜箔	0.60mil(0.0152mm)
芯板	0.4mm H/HOZ	15.75mil(0.4000mm)
L3	0.5oz 铜箔	0.60mil(0.0152mm)
PP	半固化片 7628,8.6mil	7.98mil(0.1088mm)
L4	0.5oz 铜箔	0.60mil(0.0152mm)
芯板	0.4mm H/HOZ	15.75mil(0.4000mm)
L5	0.5oz 铜箔	0.60mil(0.0152mm)
PP	半固化片 7628,8.6mil	8.28mil(0.2104mm)
L6	1oz 铜箔	1.38mil(0.0350mm)

表 3.9　常用六层板结构 3

PCB 层	材料参数	压层厚度(总厚 1.6mm)
L1	1oz 铜箔	1.38mil(0.0350mm)
PP	半固化片 1080,3.3mil	3.01mil(0.0764mm)
L2	0.5oz 铜箔	0.60mil(0.0152mm)
芯板	0.6mm H/HOZ	23.62mil(0.6000mm)
L3	0.5oz 铜箔	0.60mil(0.0152mm)
PP	半固化片 3313,4.2mil	3.61mil(0.0918mm)
L4	0.5oz 铜箔	0.60mil(0.0152mm)
芯板	0.6mm H/HOZ	23.62mil(0.6000mm)
L5	0.5oz 铜箔	0.60mil(0.0152mm)
PP	半固化片 1080,3.3mil	3.01mil(0.0764mm)
L6	1oz 铜箔	1.38mil(0.0350mm)

由于层数增加,相同 PCB 板厚,例如 1.6mm,6 层板的芯板和 PP 板厚比四层板要小很多。例如外层铜箔 L1 与内层铜箔 L2,间距可以做到 3mil、4mil。这么小的间距对阻抗受控的传输线是有利的,例如同样的 50Ω 微带线,介质层厚 3.01mil 时,计算得到走线线宽仅为 4.6mil,接近 PCB 线宽的工艺极限(3.5mil)。

常见的六层板方案如下所示,下面逐个分析其优缺点。

(1) S-G-S-S-P-S,四层信号布线

(2) S-S-G-P-S-S,四层信号布线

(3) S-G-S-P-G-S,三层信号布线

(4) S-G-S-G-P-S,三层信号布线

1. S-G-S-S-P-S

这是一种常用的叠层结构(如图 3.10 所示),可以看作是在四层板叠层方案 S-G-P-S 的基础上,在 PCB 中间塞入两层信号层。

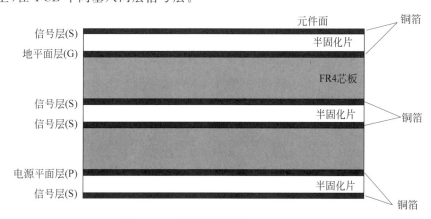

图 3.10　六层板叠层方案 S-G-S-S-P-S

优点显而易见,增加的两个信号层并没有破坏信号与地平面层的耦合程度,上下两部分镜像对称(如果把地平面层和电源平面层看作同一类层的话),都是地平面层(或电源平面层)两侧紧密耦合两层信号布线层,达到了信号层的最佳配制。

但这个叠层方案有一个比较大的缺点,电源平面层与地平面层间距太远,两层之间的

寄生电容比其他方案小很多,对降低电源分配网络阻抗意义不大。因此采用这种叠层方案,重点要处理好电源分配网络的阻抗曲线,增加足够的去耦电容来降低阻抗,有必要的话可以对电源网络进行仿真评估,或对电路板进行实际测量,确保这个叠层方案的缺点不会造成问题。

2. S-S-G-P-S-S

当电源分配网络成为设计的重点目标时,应当首先考虑让电源平面层与地平面层相邻,然后再考虑信号层的布置。这样就形成了第二个方案,如图 3.11 所示。

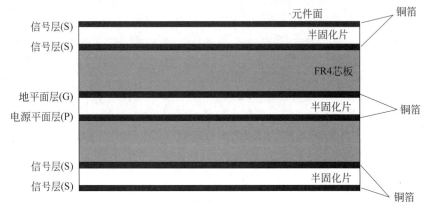

图 3.11 六层板叠层方案 S-S-G-P-S-S

内层的两个信号层仍然可以与地平面层或电源平面层紧密耦合,但外层的信号层可能造成问题。一是信号层离地平面层或电源平面层的距离太远,对信号完整性不利。二是两个信号层相邻,层间距太小,会使信号间的串扰加大。电源平面层和地平面层也没有对信号层构成电磁屏蔽保护。这样来看信号层,尤其外层的信号层,信号噪声会比较大。

采用这种方案,应该尽量把高速信号线放在内层的信号层,而把低频信号线放在外层的信号层。还可以采用正交走线的办法,即相邻的信号层,一层从左到右布线,另一层从上向下布线。正交布线能避免两层信号线平行相邻、产生过多的耦合,而使信号间的串扰加大。

3. S-G-S-P-G-S

为了解决上述两个方案中的缺点,把叠层中的信号层减少一层,增加一层地平面层;并重新排布,让电源层与地平面层相邻,让信号层与地平面层相邻并紧密耦合,这样就形成了图 3.12 中的 S-G-S-P-G-S 的叠层方案。

这个方案的优点是所有信号层都与地平面紧密耦合,信号层与信号层不相邻、相互隔离不容易产生串扰。电源层与地平面层紧密耦合,内层的信号层受到两层地平面层和一层电源平面层的屏蔽保护。唯一的缺点是,外层的信号层没有导电层屏蔽保护。可用于布线的信号层也少了一层。

尽管如此,这个方案对信号线的保护最好,在信号完整性和 EMC 方面的性能最好,是六层板最常见的叠层方案。

4. S-G-S-G-P-S

这个方案(如图 3.13 所示)与前面第三个方案类似,只是电源平面层和相邻的地平面层交换了位置。带来的改变是第三层的信号层受到了更好的保护,它的上下两个相邻层都是地平面层,高速信号线优先布在这一层。

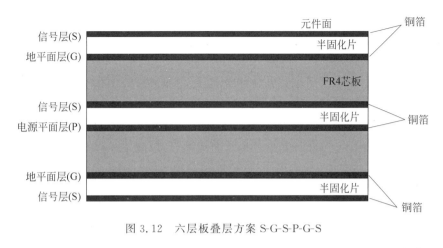

图 3.12　六层板叠层方案 S-G-S-P-G-S

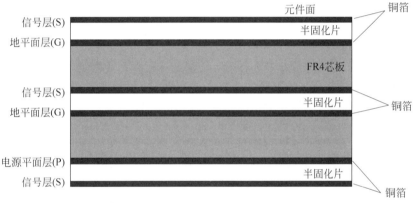

图 3.13　六层板叠层方案 S-G-S-G-P-S

缺点是底层的信号层状况更差了,因为它处在最外层,缺少大面积的地平面层的屏蔽,而且与之相邻的是电源平面层,信号回流路径阻抗要高于直接与地平面耦合的情况。

所以这个方案适合于有较少高速信号线,而且对信号性能要求高、对外界干扰敏感的电路。把要求高的信号线优先布在第三层,能获得不错的效果。

综合来看,如果 PCB 性能要求高,优先选择后两个方案;如果成本控制是重点,则考虑前两个有较多布线层的方案。

3.3.7　八层板叠层方案

八层板比六层板增加两个平面层,通常都是为了解决六层板的一些叠层方案电磁屏蔽不佳的问题。因此八层板会有更多的地平面层和电源平面层来提高 EMC 性能。当增加多层板层数时,不能一味地增加信号层而忽略地平面层,否则随着 PCB 信号层数的增加,电磁辐射问题会变得越来越严重。例如八层板中至少有四层内电层,才能有较好的 EMC 性能,即在八层板中设置两层电源平面层和两层地平面层,或设置一层电源平面层和三层地平面层,余下四层用于信号走线。如果需要更多的信号层又不想降低 EMC 性能,最好选择十层以上。

常见的八层板叠层方案如下。

（1）S-P-G-S-S-G-P-S。

（2）G-S-G-S-S-P-S-G。

（3）S-G-S-G-P-S-G-S。

（4）S-G-S-P-P-S-G-S，便于分割电源平面层，无相邻信号层，电源与地不相邻。

（5）S-G-S-G-P-S-G-P。

（6）S-G-S-P-G-S-P-S，两个电源平面层，有一个与地平面层相邻；信号层都不相邻。

（7）S-G-P-S-S-G-P-S，电源平面层与地平面层相邻，但有信号层相邻，底层信号层与电源平面层相邻；适合底层布线少的电路，需设法控制相邻信号层的串扰。

（8）S-G-S-S-P-S-G-S，有 5 个信号层，但有相邻的信号层；电源平面层与地平面层不相邻；外层缺乏电磁屏蔽保护。

经过前面对双层板、四层板和六层板叠层方案的分析，相信读者已经掌握了叠层的分析、评估方法。这些评估方法和标准，对于八层板的叠层方案同样适用。下面简要地分析一下八层板常用叠层方案的优劣。

1. S-P-G-S-S-G-P-S

如图 3.14 所示的是一种比较常见的叠层方案，优点很多，例如信号层均与地平面层或电源平面层紧密耦合，两对电源平面层—地平面层都紧密耦合，电源分配网络在高频段能获得较小的阻抗，并且两对电源平面层—地平面层对内层的信号层提供很好的电磁屏蔽。

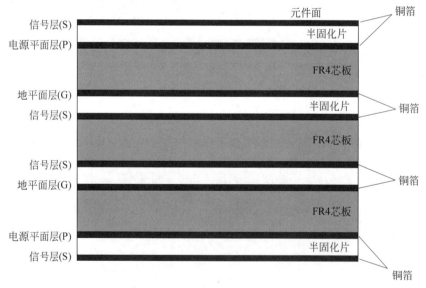

图 3.14　八层板叠层方案 S-P-G-S-S-G-P-S

这种叠层结构特别适合有两种或更多电压电源的电路，避免切割电源平面层带来的麻烦。

缺点是外层缺乏电磁屏蔽，且是与电源平面层相邻（最好是地平面层）。内层的两层信号层虽然都与地平面层是紧密耦合的，但是相邻的两个信号层还是会产生一些串扰，要注意加以控制。

2. G-S-G-S-S-P-S-G

当电路中的电源种类不多时，可以使用一层电源平面层，而使地平面层数量达到三层，带来的好处不言而喻。

如图 3.15 所示的这个叠层方案,最大特点是两个地平面层在最外层,对内层形成严密的电磁屏蔽。四层信号层均与地平面层或电源平面层相邻紧密耦合,尤其是有两个信号层都被地平面层或电源平面层上下夹住,特别适合走高速信号线。

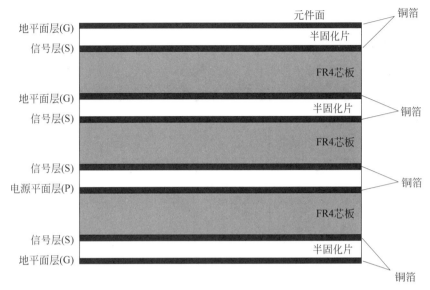

图 3.15 八层板叠层方案 G-S-G-S-S-P-S-G

这个方案的缺点是电源平面和地平面层没有相邻,耦合较差。中间的两层信号层相邻。可以用正交走线的方式应对可能的信号串扰,或者选择适当的叠层厚度,使这两层信号层间距稍大一些,减轻它们之间的串扰,例如表 3.10 中的八层板结构。

表 3.10 增加层厚的八层板结构

PCB 层	材 料 参 数	压层厚度(总厚 1.6mm)
L1	1oz 铜箔	1.38mil(0.0350mm)
PP	半固化片 2116,4.9mil	4.58mil(0.1164mm)
L2	0.5oz 铜箔	0.60mil(0.0152mm)
芯板	0.3mm H/HOZ	11.81mil(0.3000mm)
L3	0.5oz 铜箔	0.60mil(0.0152mm)
PP	半固化片 1080,3.3mil	3.01mil(0.0764mm)
PP	半固化片 1080,3.3mil	3.01mil(0.0764mm)
L4	0.5oz 铜箔	0.60mil(0.0152mm)
芯板	0.3mm H/HOZ	11.81mil(0.300mm)
L5	0.5oz 铜箔	0.60mil(0.0152mm)
PP	半固化片 1080,3.3mil	3.01mil(0.0764mm)
PP	半固化片 1080,3.3mil	3.01mil(0.0764mm)
L6	1oz 铜箔	1.38mil(0.0350mm)
芯板	0.3mm H/HOZ	11.81mil(0.300mm)
L7	0.5oz 铜箔	0.60mil(0.0152mm)
PP	半固化片 2116,4.9mil	4.58mil(0.1164mm)
L8	1oz 铜箔	1.38mil(0.0350mm)

3. S-G-S-G-P-S-G-S

第 3 个方案(如图 3.16 所示)是对第 2 个方案的改善,一对电源层和地平面层放在中心相邻的位置,解决电源平面层和地平面层耦合的问题,对改善电源分配网络高频阻抗特性有好处。但两个信号层放到了最外层,缺乏电磁屏蔽。

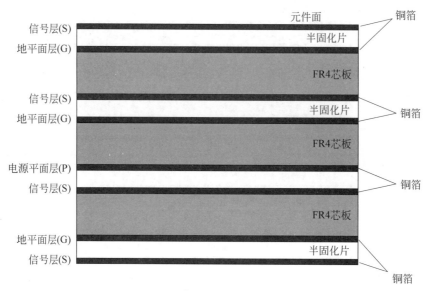

图 3.16 八层板叠层方案 S-G-S-G-P-S-G-S

4. S-G-S-P-P-S-G-S

当电路的电源系统复杂时,例如有很多不同电压的电源如 5V、3.3V、3V、1.8V 等,或者不同功能的电源如模拟电源和数字电源、前级信号放大电源和后级功放的电源等。在电源平面层上就面临切割分块的问题,叠层设计上需要更多的电源平面层。

如图 3.17 所示的第 4 个叠层方案,有两个电源平面层,以满足复杂电源系统的需求。

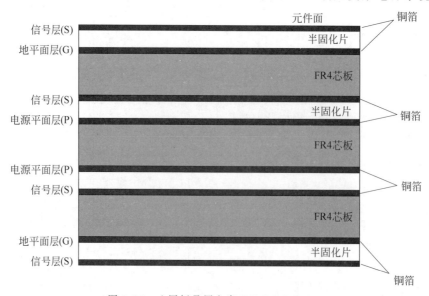

图 3.17 八层板叠层方案 S-G-S-P-P-S-G-S

信号层仍然有不相邻的四层,这就意味着牺牲了一个地平面层。带来的缺陷是电源平面层与地平面层的耦合较差,外层的信号层没有受到电磁屏蔽保护。

5. S-G-S-G-P-S-G-P

这个叠层方案如图3.18所示,同样适合电源系统复杂且对电源分配网络阻抗要求高的电路,将两对电源平面层和地平面层放置在相邻的位置,克服了第3个方案中电源平面层和地平面层耦合差的缺点。付出的代价自然是只有三层信号布线层。

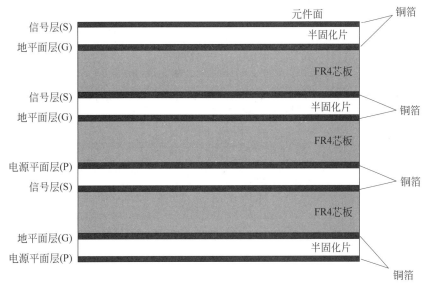

图 3.18　八层板叠层方案 S-G-S-G-P-S-G-P

6. S-G-S-P-G-S-P-S

第6个叠层方案(如图3.19所示)也是两个电源平面层,只有其中一个电源平面层与地平面层相邻;有不相邻的四层信号层,信号层都与地平面层或电源平面层相邻。付出的代价是只有两个地平面层,有一个电源平面层没有与地平面层紧密耦合。

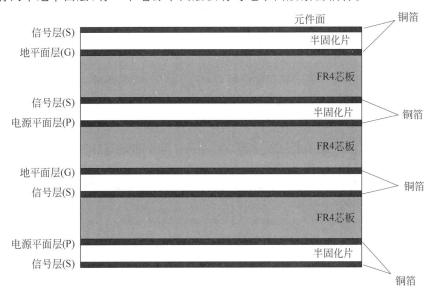

图 3.19　八层板叠层方案 S-G-S-P-G-S-P-S

这个方案兼顾电源和信号特性这两个因素,是较为均衡的方案。

7. S-G-P-S-S-G-P-S

这个方案(如图3.20所示)有两个与地平面层紧密耦合的电源平面层,有两个信号层相邻,底层信号层与电源平面层相邻。设计偏向电源特性,适合电源复杂且高速信号线不是很多的电路,需设法控制相邻信号层的串扰。

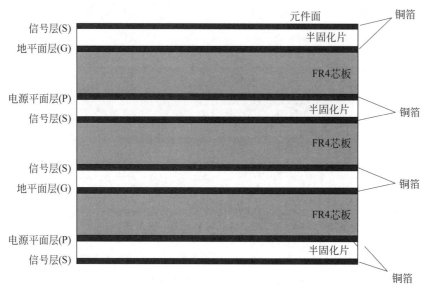

图3.20　八层板叠层方案 S-G-P-S-S-G-P-S

8. S-G-S-S-P-S-G-S

第8个方案(如图3.21所示)适合信号线特别多的电路,因为它有5个信号层,均与地平面层或电源平面层相邻。但有相邻信号层,电源平面层与地平面层不相邻,外层缺乏电磁屏蔽保护。

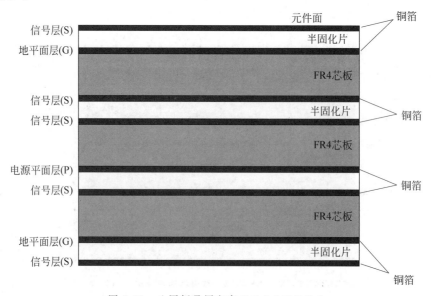

图3.21　八层板叠层方案 S-G-S-S-P-S-G-S

3.3.8 更多层数

10 层以上的 PCB，因层数比较多而板厚依然保持不变，会自然使用更薄的介质层。更薄的介质层实际上更有利于高密度元件和信号布线，例如只有叠层足够薄，才能用激光加工连接可靠的微过孔（microvia），形成埋孔或盲孔。高密度布线（HDI）中常使用微过孔来连接不同层的信号线，微过孔尺寸小，为 $10\sim25\mu m$，能提高 PCB 布线密度，减小信号传输路径长度、降低信号延迟和损耗。

分析和评估高层数的多层电路板的叠层方案，指导思想与前面的分析是一致的。更薄的介质使得层与层之间的耦合更加紧密，很容易满足信号层与地平面层、电源平面层和地平面层的紧密耦合要求和电磁屏蔽要求，因此比低层数的多层线路板有更好的信号特性和 EMC 性能。

需要再次强调的是，没有一种叠层方案是完美的，在技术上完美的方案，在成本上肯定不完美。PCB 设计师能做的，只有围绕前面总结的三个叠层设计核心思想来展开工作，根据设计目标要求和成本要求，平衡处理多项性能要求的矛盾、平衡技术要求和成本限制之间的矛盾，才能设计出满足各方需求的叠层方案。

本书第 6 章将介绍一个 12 层 PCB 的设计实例供读者参考。

3.4 电源的布局

多层板中的电源平面层首要功能是为电路中的芯片和其他器件提供供电线路。电路性能设计需求对电源的要求其实很简单，就是在电路工作频率范围内，要保证供电电压的稳定性，然而这一点并不容易做到。高速电路中大量的数字信号进行高速电平切换，要求电源及时供给瞬态大电流而不引起电源电压出现波动，也就是要求电源噪声保持在一个较低的水平。电源分配网络中的高频噪声不仅影响各个芯片的信号电平，造成失真、串扰、误码率上升等问题，还会产生大量的 EMI 辐射，对外部设备形成干扰。

电源的布局处理对提高信号完整性和 EMC 性能至关重要。

电源分配网络设计的任务，就是使电源分配网络的特征阻抗曲线在规定的频率范围内低于目标阻抗。要完成这一任务，有两条途径：一是在叠层设计中使电源平面层与地平面层相邻，且以尽可能薄的介质间隔实现紧密耦合；二是在电源网络上放置去耦电容，减小乃至消除电源平面层和地平面层，电源平面层和走线的寄生电感产生的不利影响。

在多层 PCB 中，通常可以设置若干电源平面层和地平面层，在某些叠层方案中，电源可能要与信号走线共用一层。下面来看看如何规划使用电源平面层，有哪些经验规则可以借鉴。

有一整层专门用于供电的电源平面层，而不是像单层板和双层板那样把电源线路与元件放在一起，通常是一种好的做法，因为这样可以为元件和布线腾出空间，而且通过过孔连接元件的电源引脚更加方便、性能更好。一是供电走线路径短，直流电阻小、压降低，寄生电感小，所以高频阻抗小；二是大面积的电源平面层大大降低了电源路径的扩散电感。

如果电路中有大电流和多种电压，在叠层中最好增加电源平面层而缩减信号层。例如两个与地平面相邻的电源平面层，甚至可以使用更厚的铜箔来获得较低的直流电阻和散热特性。

3.4.1 电源平面分割

封装尺寸小、引脚密集的芯片,通常需要将多个电源引脚连接到电源平面上,例如 BGA 封装的 FPGA 芯片,芯片底部都会有多个电源和接地引脚,通常的布线方案都是通过过孔将电源和地引脚连接到电源平面和地平面,并在芯片的四周和底部放置去耦电容。

当电路的电源电压种类不止一种,或者有几组电源需要隔离布线时,就有必要对电源平面进行分割,分出几种电源通道。切割电源平面时,尽可能地保留大面积铜箔。一个经验规则是,只要信号不以电源平面层为其回流路径的参考层,就可以将电源平面层分割成多个电源区域。

关键的高速信号线应该放在有上下两个地平面相邻且紧密耦合的信号层,不要把任何有分割的电源平面层作为参考层。

当然在信号层上也可少量使用线宽较宽的走线或铺铜来布置电源线。

相邻层的电源平面尽量不要分割,如果不得不分割,就应该避免电源平面互相重叠。

切割平面的过程中,万一出现孤立铜箔,要及时清除。

3.4.2 处理好电源分配网络

单层板和双层板上一般不能布置电源平面,只能在顶层以比信号线更宽的走线布线。

在同一层的电源走线可以用最小路径布线,避免过多的折弯和迂回,以控制电源分配网络的总长度。尽可能缩短电源稳压模块与芯片元件的距离,使电源走线短而宽,以减少电源走线的寄生电感。

数字输出端口多的高速元件,如 MCU、DSP、DDR 芯片等,需要大量的去耦电容放置在芯片的电源引脚附近。对于小尺寸 BGA 封装的芯片,去耦电容的布置可能是一个很大挑战,需要精心设计,将这些电容器尽可能靠近电源引脚,缩短电容焊盘到电源引脚、电容焊盘到地平面的路径长度,以避免地弹和电源轨塌陷,以及其他电源完整性问题。

3.4.3 避免密集过孔

电源平面层在布线中经常发生的一个问题是,通孔、过孔过于密集地集中在某个区域,它们穿过电源平面层时会使铜箔的导电通路狭窄(如图 3.22 所示)。过于狭窄的铜箔直流电阻加大,不仅导致电源电压下降,大电流时还会发热直至烧毁线路。如果不注意,PCB 在制造过程中甚至还会有断路的情况,电源平面层在 PCB 内部时,这种情况很难排查,也无法调试修复,导致产品设计失败。

尤其要注意 BGA 封装器件,因为 BGA 封装尺寸小,引脚又非常多,扇出的过孔非常密集。在放置过孔时,需要与电源、地平面层以及走线保持 PCB 工艺要求的距离,并适当铺铜补充通路,以保证 PCB 制造过程中,不会出现因钻孔误差导致的破铜箔、断线等问题。

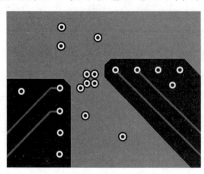

图 3.22 过于密集的过孔

3.4.4　处理好散热电路元件

电源降压、升压等稳压电路通常发热比较大,除了在布局时要考虑散热问题外,这部分电路走线、铺铜和放置过孔等细节操作时,也要注意尽可能地为发热元件创造散热条件。用电大户如处理器芯片要放置在 PCB 的中心位置或其他便于通风散热的位置。有多个电源模块时,它们的间距不能太小。注意调整体积较大、可能阻挡气流的元器件。

3.5　地的布局

地、接地,这些都是电气设备、电子线路中最基本、最重要的概念。在实际电路中的地,却是难以理解和处理的部分,往往使很多人感到迷茫,也引起很多的误解和争论。关键在于我们的教科书对地的概念讲解得最少,而使人对地的理解过于理想。在电路图中随处可见的接地符号,在实际的电路中却是相当复杂和难以捉摸的,例如一个设备机柜中,地可能是机箱、外壳或金属框架,也可能是 PCB 上的铜箔平面,很多时候它们会连接在一起,构成一个结构复杂的金属导体网络。它的特性,尤其是在高频信号下的特性,是电路图中的接地符号没有描述的。在 PCB 设计中,地的处理对电路特性和 EMC 性能等的影响至关重要,合理地布置地线和地平面,是解决 PCB 中信号失真、串扰、电源噪声、EMI 辐射等问题的重要手段和途径。从原理和概念上理解地,是进一步理解信号原理和 PCB 设计经验规则的基础。

3.5.1　地概念的起源

在一百多年前,科学家就发现了大地的导电性能,爱迪生甚至在他的直流输电系统中尝试过用大地输送电流来节省电线的用量,后来发现高压电流对人和动物有害才停止使用。后来在电报、电话通信系统中,也有过把大地用作信号返回电流路径的历史。在整个电力和电子设备应用的过程中,逐渐形成地的概念。实际上到今天我们常说的地,其实包括两个不同的概念,虽然它们经常一起出现,但却是不同的东西。

1. 大地

指的是真正的大地(地球)。设备通过地线与大地连接,可以将雷击或静电放电的电流导入大地,从而防止雷电和静电放电对设备电路和人体产生伤害。在民用和工业供电系统中,除了输送电力的火线 L 和中线 N 外,通常还有用来接大地的保护地线 PE,PE 线必须接在人体能接触到的金属外壳之上。当设备故障发生漏电时,PE 线将漏电电流导入大地,并触发主线路上的漏电保护开关断开供电,保持外壳电位为零,即使人体触摸到漏电的设备,也不会发生触电事故。

用保护地线接大地之所以能保护人体,关键在于人是站立在大地之上,保护地线连接大地与设备外壳,这样使设备外壳、人、大地处于同一电位,人体与设备之间不存在电位差,所以不会有电流从人体流过而造成触电事故。

在飞机、汽车、轮船等无法连接大地的大型设备上,也可以取其导电的金属外壳作为大地,将机上设备接此大地同样也能起到保护的作用。因此,接真正的大地有时不是必需的。

2. 信号地

地的另一个含义是公共参考点,或零电平参考点。它是接大地概念的延伸和扩展,是我们平常说的信号地。

"电压"严格来说应该是"电位差",即两点的电位之差,所以"电路中某一点电压是5V",这句话隐藏了一个事实是,电路中的这一点与某个参考点之间的电位差是5V。这个参考点常常是一个公用的固定电位,作为其他信号的度量基准。在电路设计中,这个参考点就是地,我们一般把它的电位定义为0V,所以它也被称为零电平点。

将电路连接导线到参考点,这个动作称为接地,连接电路到参考点的导线就是地线。

从上面两个概念的不同之处,可以知道接大地和接参考点的区别。实际上,在英文中前者叫 Earthing,后者称为 Grounding 或 Bonding。由于中文翻译的原因,这两个概念都变成了"接地",混为一谈了,颇为遗憾。

在 PCB 设计中,地通常指构成电路的参考点的铜箔导体,可以是一条铜箔走线,也可以是一片铜箔或完整的一块铜箔的平面。

构成地的导体,不仅为电路提供参考电平点,还为电路中的信号电流提供返回电源的路径。这个路径被称为信号的回流路径,在信号完整性和电源完整性分析中是十分重要的概念,许多信号完整性分析理论和高速 PCB 设计经验规则都与这个回流路径概念有密切关系。

3.5.2 回流路径

什么是信号的回流路径? 从物理学的基本原理,我们知道电路中的信号电流只能在闭合环路中流动。信号从某个芯片的驱动引脚流出,信号经过传输线输送到终端,被另一个芯片或其他电路元件接收。但是信号电流并不会在接收端中止,它还会继续沿着导体路径流动。在信号驱动电压的驱使下,电流通过连接收发两个芯片地引脚的地线,流回驱动电压源的负极,可见信号的前向传送路径和返回路径构成了一个闭合的信号回路。

为什么要研究信号的回流路径? 在教科书或电路图上鲜有看到完整的信号回流路径图,因为它们都假设地线是完美无缺的,任何信号回流都不会对电路信号造成一丁点儿影响,所以只使用了一个或多个简单的接地符号,隐含地表示它们将连接在一起(地线)。然而,现实不是如此。任何导体都存在电阻、寄生电感和寄生电容,地线也一样,直流电阻不可避免,尤其是高频电流流过电线时,寄生电感和产生的阻抗变得不可忽视。PCB 上一段长 1cm、宽 10mil 的走线,其寄生电感约为 10nH。当信号频率达到 1GHz 时,这段 1cm 的导线产生的阻抗达到了 60Ω,足以对电路性能产生可观的影响。

在直流电路中,我们都熟知电流会沿着阻力最小的路径流动。这个原理更准确的表达是电流将沿着阻抗最小的路径流动,因为对于直流电,阻抗中只有电阻部分的影响;随着信号频率的提高,导线的感抗逐渐加大,超过直流电阻成为影响信号的主要因素。

在一块大面积、均匀的铜箔平面中,信号线的返回电流会在铜箔平面内,沿着连接两点的直线返回到信号端,显然直线路径就是阻抗最小的路径。然而在高频信号时,情况与大多数人想象的不同,返回电流不再沿着直线流动,而是集中在信号路径的下方,沿着 PCB 走线方向流动(如图 3.23 所示)。因为对高频信号而言,这才是阻抗最小的路径。

如果从 PCB 的横截面来看,高频的返回电流是这样分布的:

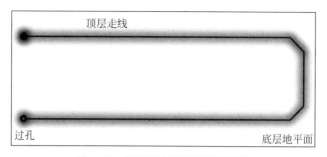

图 3.23 地平面上高频信号的回流

$$J(x) = \frac{I}{w\pi}\left[\arctan\left(\frac{2x-w}{2h}\right) - \arctan\left(\frac{2x+w}{2h}\right)\right]$$

其中：J 是电流分布密度；I 是总电流；w 是 PCB 走线宽度；h 是信号走线与地平面上回流路径的垂直距离；x 是地平面水平方向上离信号走线中心的距离。

参考平面上的电流分布如图 3.24 所示。

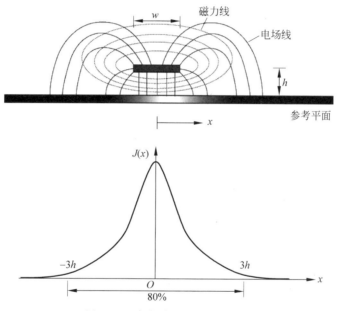

图 3.24 参考平面上的电流分布

地平面上返回电流的分布密度是一个高斯分布,总的来说,返回电流分布范围要比信号线更宽。电流分布密度的峰值位于走线中心的正下方($x=0$),大部分电流(80%)集中在离中心$\pm 3h$ 的范围内。电路板层越薄,h 越小,电流分布就越集中。

3.5.3 信号——回流环路

信号路径与其回流路径构成闭合的环路,环路中流动的信号电流时刻受到环路阻抗的影响,因此传输线的信号传输性能与环路的结构和寄生参数有很大关系。影响高速信号的最主要因素是环路的寄生电感,因为电感量越大,环路阻抗越高,产生的感应电压也越高,形成强烈的噪声。这个环路就相当于一个环形线圈,不仅辐射电磁,产生干扰噪声,而且还是一个接收天线,接收外界干扰噪声导入电路中。这两个相反方向的噪声传播,可能使

PCB 的 EMC 性能不达标而导致设计失败。

从电磁感应原理可知，线圈辐射和接收电磁波的能力与线圈构成环路的面积成正比。所以对于 PCB 上的信号—回流环路，要尽可能地减小环路的面积。一方面尽量走直线、减小信号走线的长度，另一方面让信号线与回流路径尽可能地靠近、紧密耦合。在叠层设计的章节中，多次强调信号层与参考层要相邻且以薄介质紧密耦合，也是为了达到减小信号—回流环路面积的目的。

从相邻导线的自感与互感的关系来分析，也可以得到相同的结论。下面以图 3.25 中的信号路径和回流路径来进行分析。

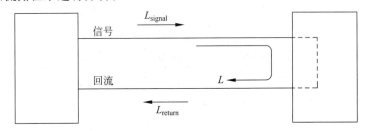

图 3.25　信号路径、回流路径和环路电感

电流在信号路径和回流路径的环路中流动，分开来看，信号电流与回流电流方向是相反的。考虑两条路径的电感，分别由各自的自感与两者之间的互感组成。由于两条路径中的电流方向相反，所以互感与各自自感的方向也是相反的。

环路的总电感 L 等于

$$L = L_{signal} + L_{return} = L_s - 2 \cdot L_m$$

其中：L_{signal} 是信号路径的自感；L_{return} 是回流路径的自感；L_m 是信号路径和回流路径之间的互感；L_s 是环路的总自感。

要减小环路的总电感量，除了减小信号和回流路径各自的自感，方法是减小长度并加大宽度，还可以增大两者的互感，方法就是让两条线尽量靠近。

信号回流路径的概念对于我们理解下面相关的设计经验规则很关键，请记住上面这个重要结论。

3.5.4　地平面上的噪声——地弹噪声和共地噪声

地线上的返回电流与信号电流密切相关，地线上的噪声同样会反过来影响信号。在数字电路中，大量在时钟驱动下高速切换电平的信号造成电源和地线上出现瞬态电流，是地噪声的罪魁祸首，它会引起数字系统中的参考电平出现高频波动，并在系统中传导和辐射，干扰电磁波。这种地线上的噪声被称为地弹噪声(Ground Bounce Noise)。

当 PCB 信号层上的所有信号走线，都以同一个地平面层为参考层时，所有信号的回流路径都会在一个地平面上出现。如果两个信号的回流路径靠得太近或者交叉重叠，两条回流路径就会发生相互干扰。特别是多条信号共用一段回流路径时，产生所谓的共地噪声。

在高速 PCB 设计中，为了将瞬态电流造成的地弹噪声最小化，地平面的阻抗必须尽可能小。在前面章节中，不断强调要尽可能地保持地平面的完整性，其中一个目的就是降低地平面的阻抗。

如何避免共地噪声呢？最主要的手段还是不要让信号走线靠得太近(3W 原则),以免回流路径发生重叠而出现噪声串扰。两个相邻的信号层共用一个地平面作为参考层时,两层的信号走线要避免重叠、并排平行,应该用正交方式布置两层的信号线,这一点在前面叠层方案分析中也强调过了。

3.5.5　分割地平面——数字地和模拟地

1. 为什么要分割地平面

现在 PCB 设计者们都达成了一项共识,就是数字电路通常都可能会对模拟电路造成干扰,这无疑是正确的。数字信号无论其逻辑电平是 5V、3V,还是 1.8V,高速的信号电平切换有着非常短的上升时间和下降时间,例如几个 ns 甚至几个 ps,如此快速的上升下降沿产生的能量频谱范围非常的宽,对信号电压很低的模拟电路是非常大的干扰。

由于数字电平切换的瞬间,电源和地都产生了很大的瞬态电流变化。而且数字系统通常由时钟驱动,为数不少的数字芯片同步产生瞬态电流变化,使这一情况变得更加严峻,大量数字噪声存在于数字电路的电源分配网络和地平面上。

当数字电路和模拟电路共用一段地线时,可能会产生共地噪声,导致模拟信号受到干扰。因此在 PCB 设计时,为了避免以上问题,通常会将数字电路和模拟电路的地分隔开,采用分离的数字地平面和模拟地平面,并通过适当的方式在一点接地来减少地回路和信号干扰。这种方法实际上与传统的星形接地类似。

星形接地的拓扑结构很简单,将数字地和模拟地分开,并在电源输入处连接到一个点。这样做的目的是在物理上隔离不同的地平面,这样数字信号的回流路径决不会与模拟信号的回流路径靠近或重合,而发生数字信号干扰模拟信号的情况。这样做的确可以减少接地回路问题和 EMI 辐射的可能性,在早期的低频混合电路 PCB 设计中,这是常见的做法。

2. 分割地平面带来的问题

然而进入高速数字电路时代以后,常见的数字电路中信号的带宽高达数 GHz。分割地平面的方法渐渐暴露出问题,这些问题大都与信号回流路径和电路板的 EMI 有关。

数字和模拟部分通常需要在彼此间传递控制信号和数据信号,但是将模拟电路和数字电路以及它们各自的地平面分开减少干扰后,一旦有信号走线跨越了两个地平面之间的间隙,就会形成一个有较大环路面积的回流路径,如图 3.26 所示。因为当信号线跨越分割间隙时,它在参考层上的返回电流无法通过分割间隙,不得不另外寻找更远、更长的路径来返回到信号源端。例如返回电流只有经过在电源处的星形接地点,绕了很大一圈才能从模拟

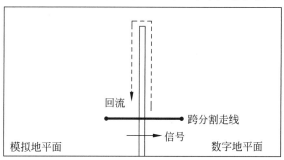

图 3.26　地平面分割与跨分割走线

区域返回到数字区域。由于多层 PCB 复杂的层间寄生参数,这样的环路很多时候甚至连设计者自己都不清楚这条路径是怎样的。但可以肯定的是,这条返回路径构成了更大面积的信号—回流环路,有更大的回路电感,将成为强力的 EMI 发射和接收线圈。于是地弹噪声增加了,被切割的地平面铜箔变成了狭缝天线,甚至与之相连的电缆也会成为辐射天线。

因此,一条再怎么强调都不过分的经验规则就是,一旦切割了参考平面,包括地平面或电源平面,就不要跨越分割平面的间隙布线。在设计中每条高速信号线必须有明确的返回路径,在迫不得已需要跨越分割区域时,可以通过手工添加 0Ω 电阻或放置回流过孔、回流电容等方式来解决回流路径的问题。也可以考虑更改电路原理图,采用光耦器件、隔离变压器,或者改用差分信号线对,避免出现回流路径中断的问题。

3. 统一地平面

在了解切割地平面可能带来的问题之后,就能理解为什么现代高速 PCB 设计,往往提倡采用统一的参考平面,也就是在设计中避免切割地平面。

因为在高速数字电路系统中,不仅系统主频很高,而且数字信号,包括数据和控制信号,上升下降时间非常小,从频谱来看,高速数字信号占据了更宽的带宽。这些高频信号的回流路径都会在参考层上集中于信号路径的正下方。由于回流路径的这一特性,使设计者较为容易地安排、设计信号的回流路径,让每条信号路径都有清晰、明确的回流路径,使它们与信号路径紧密耦合,从而减小环路的阻抗。同时统一完整的地平面,具有更小的电感和更大的层级电容,因此高频阻抗比分割平面更小,地平面上高频电流产生的地噪声电压也会减小。

在多层板设计中还可以分层设置模拟地平面和数字地平面,以及它们的电源平面,在结构上将模拟电路与数字电路分开,保证两者之间独立和隔离,信号之间不会相互干扰。例如模拟信号都在顶层,第二层是完整的统一的模拟地平面,两层之间采用薄介质紧密耦合,保证模拟信号的回流路径环路面积小、阻抗低。高速数字信号如高速的时钟、复位、数据等信号线放在紧密相邻的第三层,第四层为完整的地平面,这样重要的数字信号线可以走带状线。

这样的设计方案可以得到分割数字地与模拟地和完整统一地平面的好处,而且避免了切割地面带来的问题,因此成为高速多层 PCB 设计常见的方案,在叠层设计的章节中也已经介绍过了。

在电路元器件布局上我们仍然要遵循将电路按功能分区块的规则,尽量将数字和模拟两部分电路分开,例如将模拟电路靠近电路板边缘放置,而数字电路尽量靠近电源稳压模块,这样做可以最大限度地降低数字信号同时开关瞬态电流造成的电源和地噪声对敏感模拟电路的干扰。

4. 何时使用分割接地

尽管统一地平面的设计方法成为主流,但在某些特定的应用场景下,例如精密的测量仪器或微弱信号传感器中的模拟电路,对模拟信号的信噪比、隔离度、漏电流等要求很高,采用统一地平面的方式无法实现设计目标,因此可能采用分割地平面的方法。

特别是这些模拟信号的电平幅度小且频率较低,信号在地平面上的返回电流分布范围大,受其他信号返回电流的影响的可能性大大增加,在一块完整的地平面上需要隔离开很大的距离。所以在这种情况下,采用分割地平面并在一点接地的方法,反而更容易在地平面上实现模拟和数字信号回流的分离。

"不要跨越分割地平面的间隙布线"这一条经验规则仍然需要遵守。另外在切割地平面时,还要注意几点。

(1)删除孤立铜箔。

(2)切割后相邻层的参考平面不能重叠,因为相邻两层铜箔之间的寄生电容会成为高频电流的通路,使切割平面的隔离效果降低。

(3)切割地平面或电源平面时,注意铜箔的几何形状不能过于狭长,以免阻抗上升,适得其反。同时要防止过孔过于集中在一个区域,造成参考平面铜箔完整性被破坏,使电流通路阻抗上升甚至完全阻断。

5. ADC电路地的处理

ADC是一种典型的模拟和数字电路混合式芯片,ADC的高采样率和高数据bit(位数)(即分辨率值)的特点,给PCB布线带来了不小的挑战,其中数字地和模拟地的处理对ADC数据采样的精度至关重要,如果PCB在叠层、数字地和模拟地分割或走布线等方面出现问题,高频采样时钟和数据信号会严重干扰模拟输入信号,影响采样精度,造成错误数据,同时也会产生强烈的EMI辐射。

尽管ADC芯片的引脚大都有两个或两个以上的数字地和模拟地,但并不是所有的设计者都清楚地了解该怎样在芯片外部连接它们。芯片的DGND、AGND的引脚名称可能带来了一些误解,实际上这两个引脚名称只是标明了它们在芯片内部分别接数字电路和模拟电路,并不表示它们在芯片外部的电路中怎么接地。

其实只要认真读ADC芯片的数据手册,都应该知道ADC电路的接地方法无外乎以下几种:

(1)对于隔离型ADC芯片,数字地和模拟地引脚不用、也不应该相连,必须各自接分割的数字地和模拟地。

(2)对于非隔离型ADC芯片,数字地和模拟地引脚分别接分割的数字地和模拟地,并在芯片下方在一点连接数字地和模拟地,如图3.27所示。

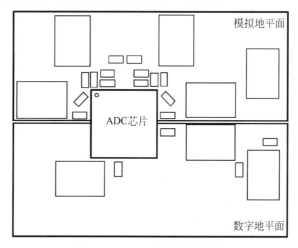

图3.27　ADC的地平面分割

(3)对于非隔离型ADC芯片,采用统一的地平面,数字地和模拟地引脚就近连接到地。

有经验的设计师和 EMC 专家都认同一个经验规则：处理大多数高速 ADC 芯片接地的最佳方案是使用统一的地平面，而不是分割为数字地和模拟地。

关于高速 ADC 布线问题还会在以后的章节中详细讨论。

3.6 单个信号网络

PCB 连接器件的走线，主要由铜构成。铜是一种电导率名列前茅的优良导体，其电阻率非常低。PCB 走线的直流电阻几乎可以忽略不计。但在交流信号下，PCB 走线的阻抗却不能忽视。导线的阻抗是由于导线的寄生电感和寄生电容造成的，它与信号频率有关。任何一条走线都会有一个沿线分布的、很小的寄生电感，以及信号路径与回流路径之间的寄生电容。随着信号频率的上升，走线寄生电感和电容产生的阻抗会变得越来越明显，对信号传输产生不可忽视的作用。这些寄生参数无法消除，只能加以设计利用。

所以 PCB 走线在高速情况下不能再简单地仅仅看作是理想的连接导线，因为这时候信号的波长与连线的尺寸相当。例如 1GHz 的信号，其波长 λ 约为 30cm。如果 PCB 走线的长度大于 $\frac{\lambda}{8} \sim \frac{\lambda}{2}$，信号在传输线上各个位置瞬时的电压和电流就不再可以视为处处相同，信号幅度和时间上的形态表现与低频电路明显不同，并受到连接导体寄生参数的影响。此时 PCB 走线必须以传输线来看待，即以分布参数模型而不是集总参数模型来描述信号传输路径的特性，并用来分析传输线上信号的表现，例如反射、延迟、衰减等现象。

下面我们先研究单独的一条信号传输线上，信号的完整性受哪些因素影响，以及如何解决。

3.6.1 走线阻抗

寄生参数均匀分布的传输线，称为均匀传输线。高频信号在传输线上每一点感受到的阻抗（电压与电流的比值）是相同的，这个阻抗就是传输线的特征阻抗，特征阻抗是传输线的重要参数，直接影响信号的传输质量。它与传输线的几何尺寸和导体周围介质的介电常数、介质厚度等叠层参数有关系。

对于均匀的无损传输线，特征阻抗 Z_0 的计算公式为：

$$Z_0 = \sqrt{L/C}$$

其中：L、C 分别为传输线的单位长度电感和单位长度电容。

PCB 走线的特征阻抗，计算公式比较复杂，而且根据不同的模型和精度，计算公式还不一样。在实际工作中，一般都需要用专业的计算工具进行计算，而不是引用公式直接计算。更多的时候设计师更关心走线的几何参数和 PCB 材料特性是如何影响传输线阻抗的，所以常用这些公式来展示阻抗与重要参数的关系。

例如图 3.28 中的 PCB 微带线的阻抗计算公式如下：

$$Z = \frac{87}{\sqrt{\epsilon_r + 1.41}} \ln\left(\frac{5.98h}{0.8w + t}\right)$$

从上式中可以得到以下结论，这些也是 PCB 走线阻抗设计中常用的经验规则：微带线的特征阻抗与宽高比 w/h 成反比，与介质的相对介电常数 ϵ_r 成反比，即 w/h 越大，特征阻抗越小;ε_r越大,特征阻抗越小。

　　以 PCB 外层的微带线阻抗计算为例,采用 EEWeb.com 在线计算工具(如图 3.29 所示)。

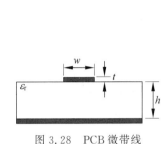

图 3.28　PCB 微带线

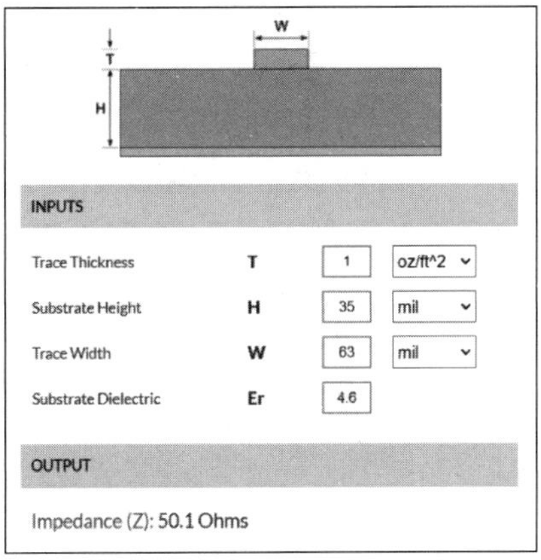

図 3.29　微帯線阻抗计算界面

　　介质的相对介电常数 $\varepsilon_r=4.6$,介质厚度 $H=35\mathrm{mil}$,走线线宽 $W=63\mathrm{mil}$,铜厚 $1\mathrm{oz}$。计算可得特征阻抗为 $Z_0=50.1\Omega$。

　　调整 PCB 走线参数,或者选择适当的 PCB 板材参数例如介质层厚度、相对介电常数,以达到所需的阻抗。

　　在频率很高的场合,上面的阻抗计算中,还需要考虑阻焊油墨、PCB 玻璃纤维布纹理等对信号的影响,使用适当的二维场求解器来进行仿真计算。

　　也可以通过 PCB 生产厂商了解并选择已有 PCB 板材的叠层方案、阻抗计算数据和实测结果。要求严格的场合,还可以打样测试来确认阻抗是否符合设计要求。一般使用时域反射仪(TDR)或网络分析仪测量阻抗。

3.6.2　反射

　　之所以要研究传输线的特征阻抗,是因为阻抗是影响传输线的传输性能的因素之一。一个重要的现象就是:传输路径上信号在任何阻抗不连续的地方,不管是在传输线中间还是源端的驱动器或者终端的负载,只要是信号经过的地方都会发生信号反射。例如在两段不同特征阻抗传输线的交界处,或者传输线源端驱动器的输出阻抗与传输线阻抗不匹配,或者传输线终端的负载阻抗与传输线阻抗不匹配等情况下,信号都会发生反射。反射信号的幅度大小和极性与两端阻抗不匹配的程度有关,极端情况就是开路(阻抗为无穷大)和短路(阻抗为零)。

　　信号反射后沿着信号路径反向传输,并与入射信号叠加,形成信号过冲、下冲、振铃和上升沿退化(变迟缓)等现象,使信号失真度加大,造成传输数据误码率上升,严重时幅度过高的上冲和下冲甚至会损坏器件。

　　信号还有可能在信号发送端和接收终端之间来回多次反射,形成振荡波形。这不仅增加了信号稳定的时间,造成时序上的偏移,还会增加信号回路的 EMI 辐射,如图 3.30(a)和图 3.30(b)所示。

　　PCB 走线设计最重要的工作,第一是要控制走线的特征阻抗,使阻抗值在芯片或电路

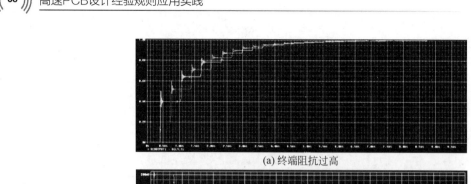

(a) 终端阻抗过高

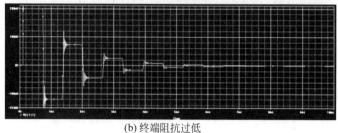

(b) 终端阻抗过低

图 3.30　不同终端阻抗波形图

设计要求的范围内,例如 USB 2.0 的两条差分数据线,标准要求单端阻抗为 45Ω,差分阻抗为 90Ω,两者的误差要求均为 $\pm10\%$。第二是要保证阻抗的连续性,不能出现阻抗突变。

下面是 PCB 走线设计中,几个典型的阻抗不连续的例子。

- PCB 走线的特征阻抗发生变化:例如走线宽度发生变化,多层板中信号走线换层后走线经过的 PCB 介质参数发生变化等等,这些决定走线特征阻抗的因素发生变化,都会导致阻抗不连续。
- PCB 走线分支:走线分支和线桩会改变走线的阻抗,从而导致阻抗不连续。
- 信号回流路径发生变化:信号的回流路径是返回电流能找到的阻抗最小的路径。在正常设计中,回流路径位于信号走线的正下方的地平面中。如果因为地平面切割,回流路径受阻而被迫改换路线偏离信号路径,改变了回路电感,就会产生阻抗不连续性。
- 过孔:信号走线从 PCB 的一层转换到另一层时,都会使用过孔,常见的是直通型过孔。过孔对传输线特性的影响是其形状和大小,会改变线路的电感和电容,从而产生一个阻抗的不连续性。

如何消除或减小阻抗不连续的影响。

在高速 PCB 布线时,确保 PCB 走线的阻抗受控,减小阻抗不连续带来的反射等不利影响,关键在于要将所有 PCB 信号线尤其是高速信号线,如时钟、上升沿陡峭的同步控制信号、高速数据总线等以传输线来看待。不仅仅是信号走线本身,在信号传输路径上的所有过孔、分支、桩线、信号插座等,都在需要考虑的范围内。

(1) 做好传输线两端与驱动器和负载的阻抗匹配,确保信号在进入和离开传输线时,不会感受到任何的阻抗不连续。

(2) 尽可能将所有的高频信号线布置在一层之上,信号的回流路径与信号路径紧密耦合,确保没有回流路径中断的情况,并且与其他信号的回流路径离开 $3w/H$ 以上的距离(w 是信号走线宽度,H 是信号路径与回流路径之间的距离)。一个好的做法是确保所有的信号走线与一个完整的地平面相邻。

（3）如果一个信号需要驱动多个芯片,应考虑走线分支造成的阻抗不连续对信号的不利影响,尽量使用菊花链方式连接,在每个连接处与不超过两个接收端/发送端相连,连接芯片引脚的走线要尽量短,并在走线的终端做阻抗匹配。2GHz以上的电路中,只有点到点的布线才是可行的。

（4）有一些器件的封装很小,SMD焊盘大小可能只有10mil左右,而微带线的线宽可能大于50mil。布线连接焊盘时要用宽度渐变走线,以免走线到焊盘宽突然变窄,引起阻抗发生变化。

（5）信号线如果走直角拐弯,拐角处的实际线宽会增大,产生阻抗不连续引起信号反射。为了减小不连续性,走线应该以45°切角或圆角拐弯。但因直角而增加的寄生电容其实非常小,在10GHz以下的PCB中影响很小,不用过分考虑。

3.6.3　过孔影响

PCB上的过孔实际上是一个结构复杂的金属圆柱体,如图3.31所示,尤其是多层PCB的直通过孔。过孔的焊盘连接不同层上的走线,直通孔上未使用的部分是过孔的残桩,过孔穿过电源或地平面层时,形成过孔周围的反焊盘(防止电源和地平面层与过孔短路的环形空隙)。过孔的这些部分以及周围导体,存在足以影响走线阻抗的寄生电容(过孔通常呈容性),其大小主要受过孔的大小和长度、焊盘尺寸、残桩的长度等设计参数影响。

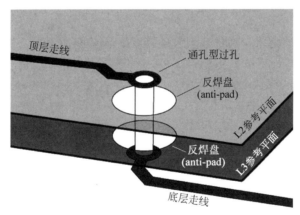

图3.31　四层PCB过孔结构示意图

过孔是走线上影响传输线阻抗的主要因素之一。在高速PCB布线时,要严格控制过孔的类型、尺寸和数量。一些常见的经验规则是:

（1）根据传输线特性选择不同的尺寸的过孔,例如更小的过孔直径和焊盘直径,有利于减小寄生电容,传输线阻抗不至于被减小太多。

（2）采用无焊盘设计,省略一些布线层上没有连接走线的焊盘,也可以减小寄生电容。

（3）采用背钻技术,缩短过孔残桩长度。图3.32为多层过孔残桩示意图。

（4）增加PCB介质层厚度或者扩大反焊盘直径,甚至将过孔焊盘下方的地平面挖空,也能减小过孔焊盘的分布电容。

（5）控制信号线上过孔数量,例如在USB 2.0布线指南中,就明确建议差分数据线上的过孔不得超过6个,最好在4个以下。在成本允许的情况下,使用尺寸小、寄生参数小、没

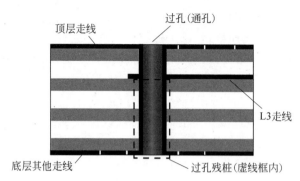

图 3.32　多层 PCB 过孔残桩示意图

有无用桩线的微孔而不是直通过孔。

3.6.4　阻抗匹配

当传输线源端驱动电路的输出阻抗,以及负载的阻抗与传输线阻抗不匹配时,就会发生信号反射影响信号传输质量。关键的高速信号例如时钟、地址、控制信号等一般要求在源端或终端增加匹配电阻。尽管有很多芯片都内置了匹配电阻,设计者还是应该检查传输线的阻抗匹配,当芯片不支持时,适当地在 PCB 上设置匹配电阻,以保证不发生阻抗不连续问题。

1.　源端串联匹配

信号驱动电路的输出阻抗通常低于传输线特征阻抗,因此通常在信号驱动端和传输线之间串接一个电阻,如图 3.33 所示,使输出阻抗与传输线的特征阻抗相匹配,从而吸收从负载端反射回来的信号,以免再次发生反射。

图 3.33　源端串联匹配

这种方式的优点是元件少,不会增加驱动器的直流负载,缺点是接收端的反射依然存在,电阻与传输线的寄生电容会引起上升沿变慢、延时变长。一般的 CMOS、TTL 电路,还有 USB 差分数据线都采用这种方式。

2.　终端并联匹配

传输线阻抗与终端负载不匹配时也会发生信号反射,可以在传输线终端并联一个电阻,如图 3.34 所示,使信号接收端的输入阻抗(即负载)与传输线的特征阻抗相匹配,从而消除负载端的信号反射。

图 3.34　终端并联匹配

这种方式的优点是元件数量少,适用于分布式负载。缺点是并联电阻带来直流损耗,增加了驱动器负载电流,终端负载上的信号电压也减小一半,降低了噪声容限。

PCB布线阶段要注意的是匹配电阻的摆放位置,以及电阻到信号引脚的走线长度对信号质量的影响。端接电阻要尽可能地靠近芯片引脚,对于源端匹配电阻靠近驱动芯片放置,对于并联端接则靠近负载端芯片放置。例如DDR3布线Fly-by拓扑,在靠近最后一个DDR3颗粒芯片的位置放置,如图3.35所示;而T形拓扑结构在靠近最大分支T点放置,如图3.36所示。

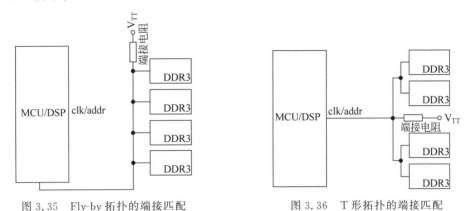

图 3.35　Fly-by 拓扑的端接匹配　　　　图 3.36　T 形拓扑的端接匹配

当匹配电阻具体参数不确定时,在布线时也尽量放置一两个匹配电阻元件,在电路调试时再确定具体数值,不需要匹配电阻时可以用0Ω串联电阻或不安装并联电阻。

3.7　串扰

PCB传输线串扰是电路板噪声的第二来源,也是信号完整性分析的重点内容。PCB布线必须时刻警惕发生串扰的可能性,遵循设计规则和经验法则,保证设计完成之后噪声水平在可接受的范围内。

减小PCB传输线之间串扰的基本法则,是要减小相邻传输线之间的互容和互感,这里的传输线不仅包括信号路径,还包括信号的回流路径。在实际操作中信号路径往往在明处,容易理解处理;而回流路径往往在暗处,难以发现问题且容易被忽略。

在介绍减小串扰的经验规则之前,需要用较多的篇幅简单分析串扰形成的机理,以及影响串扰的设计因素。这样才能从根本上理解那些经验规则的原理,并在实际设计工作中采取灵活、有针对性的措施。

3.7.1　串扰是如何发生的

PCB上两条相邻的走线,一条走线(攻击线)上高频信号的电磁场可能会在另一条走线(受害线)上产生干扰信号。信号的上升时间越小,辐射出的能量就越高,受害线上感应的干扰电压也越高。

这是因为两条相邻的走线之间存在寄生的电感和电容(称为互容和互感)。如图3.37所示,信号上升沿产生的电压变化,对走线间的电容充电,在受害线上的充电电流形成了干扰噪声,这种情况属于电场耦合干扰(容性)。同时,如图 3.38 所示,信号电流产生的变化磁场,在受害线上产生感应电压,在受害线的信号环路上形成干扰噪声,这种情况属于磁场耦合干扰(感性)。

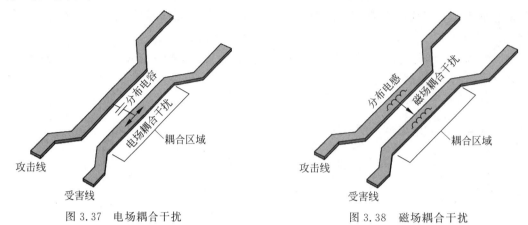

图 3.37　电场耦合干扰　　　　　　　　图 3.38　磁场耦合干扰

串扰发生在数字信号电平切换的时刻,噪声叠加在受害线的信号上,使信号产生失真,在时钟同步驱动的数据线上更为严重,信号的上升沿、下降沿畸变,影响数字信号逻辑电平判断,导致数据传输误码率上升。

显然,走线之间的寄生电容和电感与走线之间的距离和长度密切相关。两条线距离越近,电磁场耦合就越大;耦合长度越长,积累的干扰电压也就越大。走线间距和耦合长度,是控制串扰大小的两个关键参数。

PCB 上任意两条走线之间都会发生相互串扰,一条受害线上的噪声电压是其他所有走线信号产生串扰的叠加结果。这些串扰中,尽管距离远的干扰小,但很多攻击信号线干扰同步叠加后也是一个可观的量级。因此在高密度布线的高速 PCB 中,对于串扰问题,无论是在全局元件和信号走向的布局,还是在局部的元件调整和布线过程中都需要考虑。

3.7.2　远端和近端串扰

攻击线上的信号上升沿是信号携带能量的部分,其变化的电压和电流分别在受害线上产生了容性耦合电流和感性耦合电压。从微观来看,受害线在信号电平跳变处产生的耦合电流和电压,均向传输线的两端传播。并且由于 PCB 介质的缘故,传播速度通常小于光速。由于攻击线信号在不断向受害线耦合串扰噪声的同时,本身也在从近端向传输线远端传播,所以这个过程导致了受害线上远端串扰和近端串扰的不同形态。

简而言之,近端串扰因为传播方向与攻击信号传播方向相反,所以近端串扰波形是在时间轴上排列而成宽而(幅度)低的脉冲;远端串扰因为传播方向与攻击信号传播方向相同且传播速度相同,所以远端串扰波形是不断地在幅度上累加而形成窄而(幅度)高的脉冲,如图 3.39 所示。

特殊情况下,有两个可能需要留意的地方:

(1) 当两条传输线之间的耦合长度大于信号上升沿的空间延伸的 1/2 时,近端串扰发生饱和现象,即幅度达到最大值后不再增加只是宽度增加,如图 3.40 所示。

(2) PCB 内层的带状线的远端串扰与在表层的微带线不同,因为带状线四周被介质包

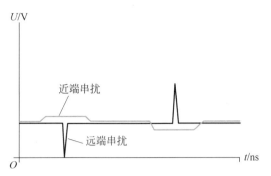

图 3.39 近端串扰和远端串扰

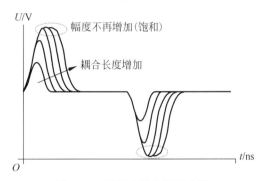

图 3.40 近端串扰和远端串扰

围,而微带线仅一面有介质,导致带状线的远端串扰几乎为零。

以上是十分简单的分析,详细的分析可参考相关资料。

经过简单的分析串扰发生的原理,了解决定串扰大小的各种因素,再来理解减小串扰的经验规则就容易多了。

从前面分析可知,影响串扰大小的最主要因素有:传输线间距和耦合长度,信号上升沿时间,PCB介质层参数如厚度、介电常数,传输线走线类型如微带线和带状线,传输线耦合方式如宽边耦合还是窄边耦合,等等。

3.7.3 间距与耦合

两个以介质层隔开、平行的导体平面,就构成了一个平板电容,两块极板平行重叠的部分也就是极板的耦合区域。从平板电容公式可知,电容的大小与耦合区域的面积和介质的介电常数成正比、与极板之间的距离成反比。

两条 PCB 走线也可看作类似的电容模型,两者之间的寄生电容称为走线的互容。走线单位长度电容大小与介电常数成正比,与间距成反比。

图 3.41 显示了走线之间的单位长度互容容值与走线间距的关系。可见电容值随着间距的增加迅速减小,这也是"走线间距大于 3W"这个经验规则的理由之一。

一条信号线上的信号电流发生变化,就会在走线周围产生变化磁场,在邻近走线上产生感应电压。根据法拉第电磁感应定理 $E = -L\dfrac{\Delta I}{\Delta t}$,感应电压 E 的大小取决于信号电流的变化率和两条走线之间的互感 L。而单位长度互感大小则取决于两条走线的间距。因此按 3W 经验规则走线,同样能明显减小走线之间的互感,如图 3.42 所示。

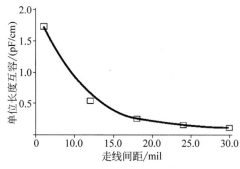

图 3.41　走线间距与单位长度互容

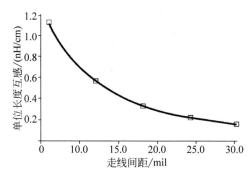

图 3.42　走线间距与单位长度互感

　　走线耦合长度是信号在行进过程中发生电磁耦合形成串扰的区域的长度。串扰大小也与耦合长度密切相关。耦合长度较短、串扰饱和现象未发生时,串扰电压的大小与耦合长度成正比;当耦合长度较长时,近端有可能发生饱和,也就是达到最大值以后不再增加。

3.7.4　保护地线

　　在两条走线之间可以铺设一条地线,理论上可以减小走线之间的耦合电容和电感,从而减小串扰。但是这条地线必须小心处理,否则会适得其反,使干扰更大,尤其是在高速信号环境中都不建议加保护地线。

　　首先在两条走线之间如果可以加入一条保护地线,实际上两条走线已经有一定的距离了,它们之间的串扰本已很小。如果插入一条地线,铜箔宽度不可能很大,而长且窄的铜箔具有较大的电感,在高频磁场中产生共振,反而加剧了串扰的干扰。要消除这种振荡,必须在地线上放置很多个间距不大于 $\lambda/10$ 的过孔,λ 是信号的波长。即使是加了密集接地过孔的地线,也只能使串扰电压幅度相当或稍小于不加保护地线的情况。

　　因此铺设保护地线的做法,仅在低频信号场合适用。加大走线之间的间距才是减小串扰的最有效方法。

3.7.5　减小串扰的经验规则

　　(1) 减小走线和回流路径上任何不连续的阻抗,不要跨分割走线,避免回流路径与其他信号重叠或交叉,保证每条信号走线自身的完整性,是减小信号间串扰的基础。

　　(2) 尽可能地加大走线之间的间距,至少大于 3 倍线宽,即 3W 原则。

（3）减小信号耦合长度，即尽量避免两条信号线平行走线。不仅在同一个信号层内，在两个相邻信号层中，关键的高速走线也要避免平行走线，可采用正交方式布线。

（4）传输线做好阻抗匹配，减小信号在近端和末端发生的反射，可有效降低串扰噪声幅度。

（5）因为在内层的带状线远端串扰为零，对于耦合长度较长、远端串扰指标较为重要的高速信号线应优先以带状线布在PCB内层。

（6）如果串扰已经发生饱和现象，降低耦合长度的作用就不大了。

（7）在成本允许的情况下，采用低介电常数的PCB板材。

3.8　损耗与衰减

高速PCB电路板设计中另一个重要的考虑因素是PCB的衰减和损耗。这里以图3.43中的有损传输线模型为例，讨论PCB传输线的损耗是传输线实际的损耗，而不是阻抗失配的损耗。

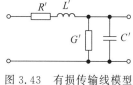

图3.43　有损传输线模型

PCB传输损耗主要由介质正切损耗、介质电导损耗、铜箔导体损耗和传输线辐射损耗等四部分组成。计量传输线损耗的物理量是衰减常数，单位为奈培/米（Np/m）。对于高速PCB，信号传输损耗主要为介质损耗和导体损耗，其他两种损耗实际上很小。

PCB不同的损耗机制表现与频率有关。金属导体损耗与频率的平方根成正比；介质损耗与频率成正比；而介质传导损耗在所有频率上保持不变。

高速PCB材料特性对信号损耗有直接影响，信号的传输速率越高，PCB损耗性能受材料的影响就越大。在设计高速PCB时，主要考虑材料的选择及设计是否满足信号完整性要求，尽量减小信号的传输损耗。除此之外还要考虑连接器、温度影响等因素。通过选择合适的材料，例如铜箔和玻纤布类型、阻焊油墨等，并优选加工工艺，就可以获得损耗指标符合要求的PCB。

1. 导体损耗

大多数传输线的总损耗主要是微波频率下的导体损耗。导体损耗与$\sqrt{f}$成正比变化关系。导体损耗由图3.43中传输线模型中的R'分量建模，它是单位长度的串联电阻，是传输线几何形状和所用金属系统的射频表面电阻的函数。

信号频率越高，趋肤效应出现时对信号传输质量和信号完整性的影响就越大。因为趋肤效应，信号的大部分电流集中在导体表面，因此信号电流受到铜箔表面粗糙度的影响，导体表面电阻可能远大于其截面电阻。

因为高频时导体表面电阻随$\sqrt{f}$变化，因此导体损耗主要随$\sqrt{f}$变化。图3.44是3mil厚铜箔的表面电阻（方块平面电阻）与频率的关系图。

当信号频率为1GHz时，信号电流在导线表面分布的厚度仅为$2.1\mu m$，如果导体表面粗糙度为$3\sim5\mu m$，信号就只能在粗糙的铜箔中传输。传输信号产生严重的反射和驻波，信号传输路径也变长，损耗增加。

为减小高速信号的传输损耗，高速PCB板材通常使用低粗糙度的铜箔。常规的0.5oz

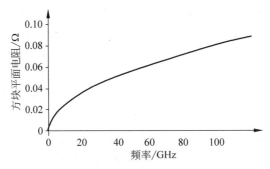

图 3.44　铜箔的表面电阻与频率关系

铜箔毛面粗糙度为 $5\mu m$，光面为 $3\mu m$，而 RTF（反转铜箔）毛面和光面粗糙度约 $3\mu m$，更好的超低轮廓铜箔（HVLP）毛面和光面粗糙度均在 $2\mu m$ 以内。

使用超低轮廓铜箔制成的微带线损耗比 RTF 铜箔制成的微带线损耗小 48%，如果是带状线则减小损耗 8%～12%。可见采用低粗糙度的铜箔可显著降低信号传输的损耗。

PCB 走线电镀工艺通常会增加铜箔表面的粗糙度，与裸铜相比，不同的表面工艺处理后微带线损耗将增大 1%～20%，其中沉银影响最小，沉金影响较大（因为镀层较厚）；沉锡镀层厚度只有 $1\mu m$ 左右，对损耗的影响略小于无铅喷锡。

在设计射频高速 PCB 时要合理搭配不同粗糙度的铜箔和表面处理工艺，以达到最高的信号传输性能。

2. 介质损耗

介质损耗是指电场通过介质时，由于介质分子交替极化和晶格不断碰撞而产生的能量损耗。介质损耗与材料的相对介电常数、损耗因子及信号频率三个因素有关。近似计算公式可表示为：

$$\alpha_d = 0.9106 \times f \times \sqrt{\varepsilon_r} \times \tan\delta$$

其中：α_d 为介质损耗，单位为 dB/cm；f 为传输信号频率，单位为 GHz；$\tan\delta$ 为介质损耗因子，ε_r 为材料的相对介电常数。

介质损耗与信号频率成正比，对于 FR4 材料，1GHz 以下主要是导体损耗，1GHz 以上主要是介质损耗。

介质损耗用损耗正切（$\tan\delta$）来计量。损耗正切也称为损耗因子，或缩写为"DF"，其值为电容电导与容抗之比。损耗正切与频率 f 成正比，而导体损耗与 $\sqrt{f}$ 成正比。因此频率高到一定程度（约 1GHz），介质损耗就超过导体损耗，成为总体损耗的主要成分。

损耗与基板 $\tan\delta$ 成正比，因此在高速 PCB 的基板材料中选择具有较低 $\tan\delta$（主要取决于树脂材料本身的极化程度）和相对介电常数 ε_r 的材料，并综合考虑机械性能、吸水性等因素。

3. 阻焊油墨

PCB 阻焊油墨也是一种介质材料，与基板材料相比，不同之处是阻焊油墨主要覆盖 PCB 的表面，但是油墨的损耗因子比基板材料大得多。因此对于高速 PCB 的外层线路，阻焊油墨的选择对损耗性能有较大的影响。覆盖阻焊油墨后外层走线损耗值增大约 50%～70%，且信号频率越大，阻焊油墨对损耗的影响就越大。选用低损耗的油墨可使外层线路的损耗降低 10%～20%。

3.9 差分线对

差分线对是传输线中的特殊例子,它使用一对传输线分别传输一对互补的信号,如图 3.45 所示。在信号接收端,接收电路对两个信号做相减(即差分)计算得到信号传输的信息。

图 3.45 差分传输线示意图

差分信号中的正极性信号为 V_+,负极性信号为 V_-,接收端得到的信号为 $V = V_+ - V_-$。

无论是模拟信号还是数字信号,都可以用差分形式传输。如图 3.46 中就是一种模拟的差分信号。

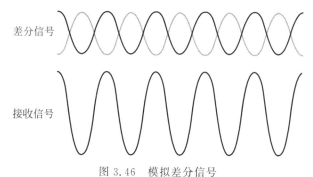

图 3.46 模拟差分信号

图 3.47 是 USB 中的一对差分信号。

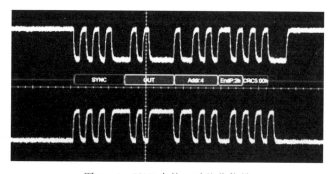

图 3.47 USB 中的一对差分信号

传输差分信号的两条传输线与普通传输线并没有什么区别,但差分信号的特性使它们具有很多优点,常常应用在高速信号电路中,例如 USB、以太网、HDMI、PCIe 等。

3.9.1 差分信号传输方式的优点

差分信号传输的本质是用两条线来传输一个信号,虽然成本增加,但比非平衡传输的单端信号有更多的优点。

（1）理论上差分信号传输完全不需要地线,每条传输线中的差分信号都以对方作为回流路径,很多情况下可以省略掉地线。

（2）抑制共模噪声。在外界电磁干扰环境中,当从较远(大于线径)距离传播过来的噪声干扰两条平衡线时,因为它们的阻抗是相同的,因此接收到的干扰信号是完全一样的,相同的幅度和相位,在接收端,差分放大器把两条信号线上的电压值或者电流值相减,完全消除了干扰信号而得到了干净的有用信号。因此差分信号的接收电路比非平衡电路有更高的共模噪声抑制比(CMRR)。

（3）信号传输质量更好。差分信号较少受驱动器内阻频率特性、传输线压降、阻抗失配和信号衰减等的影响。因为互补信号的差值才是接收端的有效信号,两个信号本身只要是同步变化的,就不会影响差值。

（4）差分信号的噪声裕量更大。因为两个互补信号相减,得到的信号幅度是单个信号电压的两倍,相当于获得了6dB的增益,在低电压的数字系统中,这个特性非常有意义。传输信号的电压更低,意味着更低的功耗和更低的电磁辐射干扰。

差分信号的缺点是需要两条传输线,驱动端和接收端也需要额外处理差分信号的电路。

3.9.2 双绞线

差分信号传输方式可以说是一门古老的技术,最早使用在电话电报传输中,这项技术一直沿用至今,无论是模拟信号还是数字信号都会用到它,例如 HIFI 音响中的卡农线,又例如 RS485、CAN 总线、以太网网线,用的都是一对或多对双绞线。

一百多年前在电话系统中就开始使用双绞线来传输语音信号。不同于用一条电线和大地传输的电报,对信号质量要求更高的的电话一开始就采用两条线传输的方式,因为用图 3.48 所示的音频变压器,很容易产生差分信号。

早期的电话容易受到交流传输电线、电车电力电缆的干扰。当噪声源靠近信号线时,在平行的两条线中较近的导线耦合更强的噪声,在接收器将无法消除噪声。如图 3.49 所示,为了减轻这种干扰,电话工程师巧妙地设计了在每个电线杆交换一次两条电话线的方法,来使两条电话线上平均的干扰电压相同。

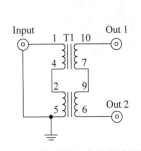

图 3.48 单端转差分音频变压器

图 3.49 两条电话线相互交换以减小干扰

1881 年亚历山大·贝尔发明双绞线用于电话传输线。如图 3.50 所示,双绞线是由两条绝缘的导线互相缠绕,绞合呈螺旋状的一种电缆线。

图 3.50 双绞线

双绞线是一种平衡传输线,它可以减小传输信号的衰减、噪声,并改善对外部电磁干扰的抑制能力。两条导线紧密地绞合在一起,是为了确保两条线阻抗相同,产生的电磁辐射完全抵消,同时受到电磁干扰的影响相同,噪声产生的共模信号可以在接收端通过差分接收电路来消除。

从回路电感的角度来解释就是,在差分模式下,双绞线的两条线绞合越紧密,它们之间的互感就越大,而回路的总电感就越小,因而回路产生的干扰越小。

双绞线同样适用于高速数字信号传输,如今天我们使用的网线,一种是非屏蔽的双绞线,如图 3.51 所示。

还有一种是如图 3.52 所示的铝箔屏蔽双绞线。

图 3.51 网线中的 4 对双绞线　　　图 3.52 铝箔屏蔽网线中的 4 对双绞线

还有如图 3.53 所示的铝箔和编织网屏蔽双绞线。

为什么有的双绞线有屏蔽线和地线?

前面不是说差分信号不需要地线吗?理想状态下,差分信号传输的确不需要地线。但是实际的电路中的两个差分信号不能做到完全互补,传输线也不能做到完全平衡,因此两条线的返回电流不能完全抵消。这个时候就需要一条地线来为这个未抵消的电流提供回流路径,以免它造成干扰辐射。包裹铝箔和编织网也是为了屏蔽双绞线对之间的串扰和外部电磁干扰。

双绞线的特征阻抗取决于导线的几何结构尺寸、绝缘材料的特性,以及两条导线绞合的参数,可以使用在线计算工具或下面的公式来计算双绞线的阻抗,如图 3.54 所示。

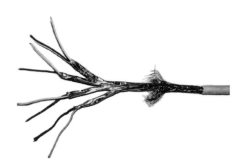

图 3.53 铝箔和编织网屏蔽网线与双绞线

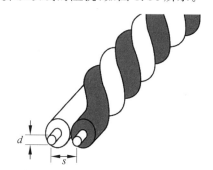

图 3.54 双绞线特征阻抗计算

$$Z_0 = \frac{120}{\sqrt{\varepsilon_r}} \ln\left[\frac{2s}{d}\right]$$

常见的 RS-485 电缆,其标准推荐的传输线的特征阻抗应为 120Ω。CAT5、CAT6 网线的双绞线特征阻抗为 100Ω×(1±15%)。

3.9.3　PCB 上的差分线对

PCB 中的差分线对,可以看作是双绞线在 PCB 上的延伸。在差分信号传输方面同样具有双绞线所具有的优点,例如抗干扰能力强,噪声容限高,能有效抑制电磁干扰。

理论上两条单端传输线就可以构成一对差分传输线。与双绞线不同的是,PCB 上的差分线对通常有一个共同的参考平面,两个信号路径与它们各自的回流路径紧密耦合,形成低阻抗的信号环路。信号的大部分(80%~90%)能量集中在信号走线与参考平面之间,少部分(10%~20%)能量在两条传输线之间。差分信号的回流大部分在地平面,少部分在相对应的信号路径中。两条传输线之间的耦合可以是松耦合,也可以是紧耦合,适应不同的特性要求。

使用差分线对传输信号有很多好处,缺点是每个信号需要布两条走线。不仅使 PCB 布线工作量增加了一倍,而且由于差分线对布线的额外规则,可能会占用更多空间。

与单端传输线相比,PCB 上的差分线布线有它的特殊要求和必须遵守的规则。这些规则包括差分对的差模、共模阻抗的要求,走线宽度和间距、与参考平面的距离等几何尺寸要求,还有两条等长传输线、等间距,以及差分阻抗匹配等许多其他方面的要求。

3.9.4　差分阻抗

差分线对的差分阻抗与差分信号基本特性有关。

一对差分信号沿着一对差分线传输,两条线之间的寄生参数如互容和互感,决定了信号在传输过程中感受到的阻抗。从差分信号的接收原理知道,我们总是希望负载端接收到信号在传输过程中的衰减、延时等都是相同的。所以我们既关心两个信号之间的差值,也关心它们的和。差分线对在各种模式信号驱动之下的阻抗,是评价差分传输线性能的重要指标。

当差分线对用差分信号驱动时,单条传输线的阻抗就是奇模阻抗值。当差分线对用共模信号驱动时,单条传输线的阻抗就是偶模阻抗值。

注意:奇模阻抗或偶模阻抗并不总是与走线的特征阻抗相同,因为当两条单端的传输线之间存在耦合时,它们的特征阻抗就会发生改变,即

$$Z_{odd} = Z_0 - Z_{coupling}$$

其中,Z_{odd} 为奇模阻抗;Z_0 为单端传输线的特征阻抗;$Z_{coupling}$ 为传输线之间发生耦合的阻抗。

差分线对中的差分信号,由于信号极性相反,信号电流是反向的,因此可以把两条传输线看作是一个环路,对电流来说阻抗就是两条单端传输线阻抗的串联,所以差分阻抗等于两条传输线的特征阻抗之和。

当差分线对由差分信号驱动时(即奇模状态),差分对的差分阻抗等于两倍的奇模阻抗,即:

$$Z_{\text{diff}} = 2 \times Z_{\text{odd}}$$

其中,Z_{diff} 为差分线对的差分阻抗;Z_{odd} 为两条单端传输线的奇模阻抗。

当差分线对由共模信号驱动时(即偶模状态),两条传输线中的电流大小相同,方向相同,而在接收端的共模电压与两条传输线的共模电压相同,电流是两条传输线电流的和,也就是两倍单端传输线电流,所以差分线对的共模阻抗等于偶模阻抗的一半,即:

$$Z_{\text{com}} = Z_{\text{even}}/2$$

其中:Z_{com} 为差分线对的共模阻抗;Z_{even} 为两条单端传输线的偶模阻抗。

3.9.5　差分线对 PCB 走线参数设计

由前面介绍的阻抗匹配等内容可知,控制差分线的阻抗对高速信号的完整性十分重要。在电路设计中都会对差分线对阻抗和误差范围提出要求,例如 USB 2.0 标准要求差分阻抗为 $90\Omega \times (1 \pm 15\%)$。

对 PCB 设计者来说,首先要决定差分线对的具体布线方式,例如是在表层的微带线还是在内层的带状线或者共面波导。其次要根据布线类型、PCB 板材参数如层数、介质厚度、相对介电常数、铜厚等来计算设计差分走线的几何参数,例如走线的宽度、走线的间距,以及在 PCB 的哪个信号层布线。

差分阻抗的计算十分复杂,一般都要借助计算工具。不同的软件计算结果有一定的偏差,建议使用那些采用 IPC-2141 公式或 Wheeler 方法的专业 EDA 软件和计算工具进行计算设计。

下面以 USB 2.0 的差分线对阻抗要求来计算 PCB 走线参数。

USB 2.0 高速模式信号速率达到 480Mbps,一般要求 PCB 层数至少四层以上。这里以四层 PCB 为例,叠层方案为 S-G-P-S(见 3.3.5 节),PCB 板材参数如表 3.11 所示。

表 3.11　四层 PCB 叠层结构

PCB 层	材 料 参 数	压层厚度(总厚 1.6mm)
L1	1oz 铜箔	1.38mil(0.035mm)
PP	半固化片 7628,8.6mil	8.28mil(0.2104mm)
L2	0.5oz 铜箔	0.6mil(0.0152mm)
芯板	1.1mm H/HOZ	41.93mil(1.065mm)
L3	0.5oz 铜箔	0.60mil(0.0152mm)
PP	半固化片 7628,8.6mil	8.28mil(0.2104mm)
L4	1oz 铜箔	1.38mil(0.0350mm)

半固化片(PP)的相对介电常数如表 3.12 所示。

表 3.12　PP 的相对介电常数

PP 型号	相对介电常数
7628	4.6
2313	4.05
2116	4.25

阻焊油墨的相对介电常数比 PP 介质小,一般为 3.8。

差分线对拟在顶层的信号层布线。如图 3.55 所示,采用计算工具 Polar Si9000 传输线场求解器计算可得 PCB 走线线宽为 11.26mil，线间距为 8mil。

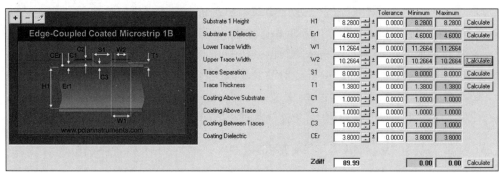

图 3.55　差分线对阻抗与 PCB 走线计算

3.9.6　差分线对布线要求

差分线对是一种平衡传输线，它的基本要求是两条信号线要保持对称，两条传输线的阻抗相同，信号传输延时相同，这样才能达到平衡的差分状态。

两个基本原则如下。

（1）差分线对的两条信号走线长度必须相等。

如果走线长度不相等，差分线的平衡就会被破坏，进而产生共模噪声和严重的 EMI 问题。信号传输路径长度不等，导致两个信号传输的延时不相等，在接收端两个信号差分就会产生问题。

（2）差分对导线的宽度和间距必须始终一致。

差分线对之间的距离越近，耦合越紧密。当走线的间距发生变化，差分阻抗和共模阻抗都会发生变化，从而导致阻抗不连续，引起信号反射产生噪声和增加 EMI。为避免出现这种情况，必须以相同的走线宽度和同等间距将两条走线配对连在一起进行布线。

要使差分线对的布线达到最佳性能，需要遵循一些基本规则，我们接下来讨论有关的经验规则。

- 在原理图中必须明确标明一对差分线，例如 TRDP/TRDN、DDR_DQS/DDR_DQSN 等。以方便在 PCB 中将差分线对配对，组对同时进行布线。这样可以保证差分线对在等长、等间距上的要求。
- 尽量不要使用过孔。如果必须使用，则应对称地成对放置，并尽量使过孔靠近在一起。
- 高速的关键差分线对最好在内层布线，以最大限度地减少串扰，虽然需要放置过孔来穿越信号层。
- 差分线对与其他走线保持足够的间距，$3W$ 原则同样适用于差分线对。特别要远离频率高的信号线例如时钟线，间距 $6W$ 以上。
- 在相邻信号层上可使用宽边耦合的方式进行差分布线，不仅可以提高布线密度，还能更好地控制串扰。
- 规划布线时要避开过孔或元件焊盘等障碍物，以保持差分线对的对称性，如图 3.56 所示。

- 焊盘的扇入扇出走线,尽量使走线对称,如图 3.57 所示。

图 3.56　差分线对绕行　　　　　　　图 3.57　差分线对扇出

- 走线的宽度和间距参数符合设计要求,并在整个信号路径上保持一致,不发生变化。
- 差分线对的两条信号走线长度要尽可能相等,它们的长度误差以及走线的总长度,都必须符合设计要求。相差过大的差分线对,要做等长处理,例如较短的走线采用蛇形线绕线匹配长度,使两条线的长度误差在允许的范围内。尽管这样做会破坏对称性,但长度更为重要。蛇形线要放置在发生长度不匹配的一端,如图 3.58 所示。

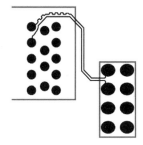

图 3.58　差分线对等长匹配

- 差分线对经过连接器时,如果两个连接器的两个引脚(包括连接器内部导体长度)长度不同,也需要做延时补偿。
- 善用 EDA 软件的差分线对布线功能,帮助完成以上工作。
- 差分线上的测试焊盘要对称放置在差分线上,不要用走线连接,以免影响传输线阻抗,如图 3.59 所示。

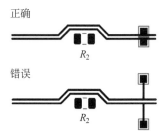

图 3.59　差分线测试点放置

3.9.7　差分线对的端接

和单端信号传输一样,差分线对的两个单端传输线,也需要做好阻抗匹配,以防止信号发生反射。

差分信号中的差模分量是最重要的成分,所以常见的端接方案都是针对差模分量进行的,例如图 3.60 中的这种。

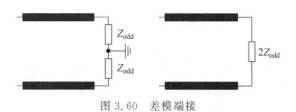

图 3.60　差模端接

当差分信号中的共模信号不能忽视时,可考虑对差模信号和共模信号同时端接,例如图 3.61 这样。

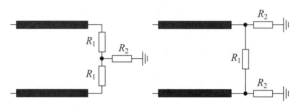

图 3.61　差模和共模端接

其中 $R_1 = Z_{odd}$,$R_2 = \dfrac{1}{2}(Z_{even} - Z_{odd})$。

3.10　电源分配网络

电源分配网络将电源从稳压模块输送到各个芯片的电源引脚,与传统低速电路相比,高速数字电路对电源分配网络提出了更高的要求,PCB 设计中电源分配网络的设计和布线也成为重点和难点。这是基于以下几个原因。

(1) 现代电子电路越来越复杂,一块单板上集中了大量的数字和模拟芯片,而一片集成电路的硅片上就有数亿只晶体管。大量芯片的电路使得电源功耗大幅提高,电流甚至高达100A 以上,这些极限要求增加了电路中电源分配网络的设计难度。

(2) 高速数字电路中大量的数字信号高速切换电平,造成电源线上出现很大的瞬态电流。由于电源路径和地回流路径上的阻抗,这些瞬态电流会引起电源电压塌陷、波动,以及地平面上的地弹噪声等。

(3) 为了降低高速数字电路系统的功耗,一个发展趋势是电路系统采用了更低的电源电压和信号电平,例如 1.8V、1.1V 等。更低的逻辑电平,意味着更小的噪声容限,这就要求电源噪声在高达数 GHz 的范围内必须更小才能满足要求。

(4) 电源分配网络连接了所有需要供电的元器件,电源网络覆盖面大,结构复杂,电源上的任何风吹草动都会波及从电源模块到芯片内部硅片之间的所有路径,网络上的任何一个器件都有可能受到波及。

(5) 电源分配网络也是 PCB 上最大的导电结构,其中的电流最大且携带高频噪声,所以可能是最容易产生 EMC 问题的干扰源。

理想的电压源输出阻抗为零,无论负载多大、输出多大的电流,输出电压也保持不变。而且不管电流如何高速变化,电压也一直恒定。然而这种理想的电源只在书本理论上才有,在现实世界中找不到一个输出阻抗为零的电源,也找不到一个没有阻抗的分配网络。

留给电路和 PCB 工程师的任务就是设计一个在一定频率范围内低阻抗的电源分配网络,为工作芯片提供稳定电压,并使电源和地上的纹波和噪声幅度满足电路性能和 EMC 要求。

3.10.1　电源分配网络模型和阻抗曲线

如图 3.62 所示,电源分配网络包括从稳压模块到芯片的焊盘,再从芯片封装引脚到芯片内部的硅片电路,一个覆盖所有需要电源的有源元件和无源元件的导体网络,即包括了所有输出电流和它们返回到电源电流的路径。

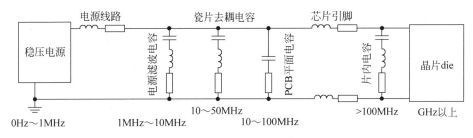

图 3.62　电源分配网络

图 3.63 是一个描述实际电源分配网络的模型和它的阻抗—频率曲线,我们将用这个模型来说明电源分配网络的设计问题。

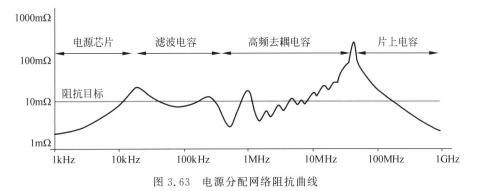

图 3.63　电源分配网络阻抗曲线

电源分配网络的组成部分包括:
- 电源和稳压模块(例如 DC-DC 开关电源或 LDO 等);
- 滤波电容;
- 旁路/去耦电容;
- PCB 走线、过孔;
- PCB 电源-地平面的寄生电容;
- 芯片封装的引脚;
- 器件封装内部的寄生电容、键合线以及硅片内部的电路互连。

板级电源模块(Voltage Regulator Module,VRM)通过 PCB 上的电源分配网络为芯片提供电源,注意我们要关注的不仅仅是从电源到芯片的这样一个路径,还有从芯片回到电源的回流路径,即整个电流回路才是我们要关注的。详细的描述电源回路是这样的,首先电源模块的输出经过 PCB 走线和过孔到达多层 PCB 中的电源平面,再从电源平面通过走线和过孔到达芯片封装的电源和地引脚,并经由引脚、芯片内部的键合线到达硅片的电源引脚,再通过接地引脚、PCB走线和过孔、地平面构成的回流路径,回到电源的地。

虽然电路设计和PCB布线的工程师并不能对芯片内部线路做出什么改变,但了解芯片封装以及封装内部的寄生电容、键合线等,对理解芯片封装,选择去耦电容设计、布线等方面的内容很有帮助。

电源网络的阻抗随着频率变化而变化,某些频率下会产生高阻抗的尖峰,在其他频率下则会产生平坦的低阻抗曲线。我们应当避免出现阻抗较高的尖峰,因为如果此时电流需求出现瞬态变化(ΔI),由于 $\Delta U = Z \times \Delta I$,电源分配网络上的压降增加($\Delta U$),将导致芯片电源电压的跌落,产生高频干扰噪声等一系列问题。

3.10.2　影响电源分配网络阻抗的因素

电源分配网络阻抗产生的主要原因是电感。根据电磁场原理,任何能通过电流的导线都具有电感,所以任何PCB走线、过孔、元件封装引脚、接插件的插针和引脚都存在寄生电感,电源平面和地平面上两个过孔之间也存在扩散电感。电源分配网络一般表现为感性,由于 $Z_L = j\omega L$,这就意味着频率越高,阻抗越大。

电源分配网络中除了固有的电感,还有人为设计加入的电容。从电容阻抗的公式$Z_C = 1/j\omega C$ 可知,电容越大,阻抗越低,所以加入电容的主要目的就是降低电源分配网络的阻抗。

电源分配网络上的电感和电容组合就成为控制电源网络阻抗的重要手段。但实际情况是PCB走线、过孔和元件封装具有寄生电感的同时也具有寄生电容,设计加入的电容器也具有寄生的电感,而电容和电感在频率变化时电抗的变化规律正好相反,正是电路元件和PCB寄生参数的组合造成了电源分配网络频率特性复杂、难以控制的局面。

从各个频段来看电源分配网络,各个组成部分表现呈现不同的变化规律,影响它们的主要因素也不尽相同。

1. 0Hz～10kHz 频段

电源模块决定了从电源网络终端看过来的阻抗,在这个频段起决定性作用的是电源模块本身的性能,例如输出阻抗和带载能力。

2. 10kHz～100kHz 频段

大容量电解电容或钽电容等电源滤波电容对电源分配网络阻抗起决定作用,当电源模块无法响应电源需求变化时,主要靠滤波电容来提供瞬时电流。

3. 100kHz～100MHz 频段

电源分配网络的阻抗取决于去耦电容和PCB参考平面的寄生电容,前者通常是 nF 级别的陶瓷电容,后者取决于多层PCB中的电源、地平面,以及过孔等构成的结构参数。随着频率升高,PCB电源走线电感形成的阻抗增加,电源模块和滤波电容已无法响应此频段的瞬态电流,只能靠离芯片电源引脚更近的去耦电容来提供高频的瞬态电流,以维持芯片电源电压和地平面的稳定。

4. 更高频段

芯片封装内的电源分配网络的等效串联电感此时起决定性作用,封装的引脚、片内的键合线、硅片的寄生参数等随着频率的提高,它们的阻抗变得不能忽视,它们决定着从芯片的硅片看过去的电源分配网络阻抗。

对电路和 PCB 设计工程师来说,这里需要重视的是元件的封装。因为元件封装引脚的寄生电感决定了板级滤波电容的作用是否有效。在高频段从元器件看过去的电源分配网络阻抗只与封装有关。对于芯片内部的寄生电容和片上去耦电容,电路设计和 PCB 设计工程师们是无能为力的。

3.10.3　去耦电容与旁路电容

从前面的分析可知,去耦电容对电源分配网络的阻抗有着举足轻重的作用,这也是为什么放置去耦电容是 PCB 设计中解决电源完整性问题的主要手段之一。

去耦电容的作用可以用图 3.64 中的模型来解释。

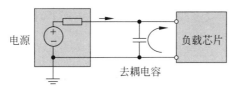

图 3.64　去耦电容原理示意图

当负载电流恒定时,电源电压也处于恒定状态,电容充电至电源电压储存电荷,充电电流基本为零,此时电路处于稳定状态。当芯片中的数字电路发生高速的电平切换时,需要从电源汲取瞬态电流来驱动负载(常为容性)。然而此时电源稳压模块无法响应如此之快的电源需求,同时由于从电源模块到芯片的路径存在较大的电感,突然变化的瞬态电流产生了很高的反向感应电压,也使芯片从电源得到的电压剧降。这时候电容迅速放电,为芯片一解燃眉之急,满足瞬态电流的需求,维持电源电压而不至于跌落太多。当瞬态电流减弱或消失,电源模块才能"慢慢地"(相对高速的瞬态电流)为电容充电、补充能量,为芯片持续供电。显然电容储存的电荷越多,能应付的瞬态电流也就越大。电容储存的电荷量取决于电容容量和电源电压,电源电压是稳定不变的,所以电容容量越大,能提供的瞬态电流也越大,对电源的去耦效果越好。

以上这个过程也可以从阻抗的角度理解。去耦电容的容抗 $X_C = 1/\mathrm{j}\omega C$,频率 f 越大,容抗 X_C 越小。电容并联在芯片的电源和地两端,所以对电源中的高频瞬态电流来说,去耦电容是一个阻抗非常低的通路。当电源分配网络中出现高频的电压波动时,高频纹波和噪声被去耦电容短路而从地线流走,不会影响到芯片;当芯片的电源引脚出现高频纹波和噪声时,同样也被电容旁路从地线流走,不会将干扰扩散到电源分配网络上影响其他电路。这个原理也是这里的电容叫作去耦(合)电容或者旁路电容的原因。

如此看来,在电源分配网络上放置几个去耦电容就应该能一劳永逸地解决所有频率段的电源的纹波和噪声。

但实际情况却不是这样,为什么呢?

因为实际的电容器并不是一个纯粹的电容。电容器都是由两个电极和电介质组成,容量取决于电极的面积、间距、介质的介电常数等。由于电容结构中导体存在一定程度上的寄生电感,同时由于介质的损耗存在一个等效的串联电阻。因此一个与实际情况更符合的电容模型是如图 3.65 中这样的。

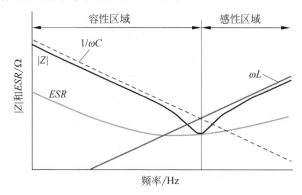

图 3.65　实际电容的等效模型

图中 ESR 表示等效串联电阻,它主要是由介质损耗造成的;ESL 表示等效串联电感,是由电容器的导体引起的;C 表示理想的电容。

再来看这个电容的阻抗曲线,如图 3.66 所示。

图 3.66　电容的阻抗曲线

与理想的电容的阻抗曲线是一条与频率呈负比例关系的直线不同,实际电容在低频段与理想电容类似,随着频率的升高阻抗直线下降,当电容与 ESL 发生谐振时,阻抗达到最低点。随着频率继续升高,电容开始显现出电感特性,阻抗开始随着频率升高而升高。这是一个值得注意的现象,当频率上升到一个足够高的程度,电容完全失去了电容的特性,在谐振点的表现像一个电阻,在更高的频段表现像一个电感。谐振频率的高低表现一只电容能工作的极限。

所以电源模块的滤波电容不可能使电源分配网络从低频到 100MHz 的高频频段都具有低阻抗,必须在靠近芯片的位置放置大量去耦电容才能有效降低高频段的阻抗。

1. 去耦电容的选择

首先确定放置多少个去耦电容才能满足要求。

通常的步骤是先根据芯片需要的瞬态电流大小估算所需的电容大小。假设容性负载为 10pF,驱动器输出电平要在 1ns 内从 0V 跳变到 1.8V,此时需要的瞬态电流为:

$$I = C\frac{\Delta V}{\Delta t} = 10 \times 10^{-12}\frac{1.8}{1 \times 10^{-9}} = 18\text{mA}$$

而芯片内有 100 个驱动器同时输出电平,所以芯片电源引脚上的瞬态电流为:$100 \times 18 = 1800\text{mA}$。

这个瞬态电流要求去耦电容来提供,以维持电源电压不能跌落太大,例如 2% 以内。如此一来就可以计算出所需去耦电容的大小:

$$C = I \times \frac{\Delta t}{\Delta V} = 1.8 \times \frac{1 \times 10^{-9}}{1.8 \times 2\%} = 50\text{nF}$$

上述方法针对局部的单个芯片进行估算。从整体来设计则要根据设计方案要求的目标阻抗来计算总电容量。然后根据实际测量或仿真得到的电源分配网络的阻抗曲线进行调整,降低阻抗曲线中出现的阻抗高峰,使整个工作频段的阻抗曲线均在目标阻抗值以下。

确定去耦电容的容量和数量之后,选择适当的封装、温度系数、等效电感 ESL 和等效串联电阻 ESR 等参数的电容器。最常见的是贴片封装的 MLCC 电容。

需要注意的是,尽管电容器的 ESR 电阻不影响谐振频率,却影响谐振处的阻抗和带宽。我们一般希望在较宽的频率范围内有较低的阻抗,品质因数不是越大越好。因此 ESR 电阻在选择电容时也是一个需要着重考虑的因素。

2. 去耦电容的放置和布线

除了电容自身的寄生参数影响,电容相关的 PCB 走线,例如从电容焊盘到芯片电源引脚、电容焊盘到地平面的走线铜箔和过孔,这些导体结构的寄生电感,对电容高频性能也有着非常大的影响。走线的电感实际是与电容本身的等效串联电感 ESL 串联,等效增加了 ESL。不仅影响电容自身的谐振频率,也会影响电容并联后的谐振峰值。

在 PCB 上布置去耦电容和设计布线,需要遵守的一个基本原则是尽可能地减小电源分配网络的电感。从前面的分析中,我们已经知道当芯片发生瞬态需求时,由去耦电容来提供这个瞬态电流,所以电源-去耦电容-地环路是要重点考察的对象,如图 3.67 所示。

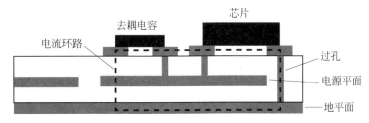

图 3.67 电源-去耦电容-地环路

环路的电感可以看作是以下几个部分组成。

- 芯片封装的电源和地引脚。
- 连接去耦电容和芯片电源引脚的 PCB 走线。
- 连接电源平面和地平面的过孔。
- 电源平面和地平面。

有关的经验规则基本上是围绕这几个要素进行的。

(1) 在每个芯片电源引脚附近放置几个 $0.1\mu F$ 的 MLCC 电容。MLCC 电容通常具有较小的 ESR,贴片封装的 MLCC 电容寄生电感也很小。靠近电源引脚放置,是为了缩短电容焊盘与电源引脚的距离,减小走线的电感值。

(2) 如果在芯片四周不方便靠近电源引脚放置,则可以把去耦电容放在芯片引脚下方的另一个 PCB 表面层,以过孔连接芯片电源或地引脚。

(3) 复杂的多层 PCB 中,元件和布线密度都很大,去耦电容难以靠近芯片电源引脚。这时采用的方法是去耦电容和芯片都通过过孔连接到电源平面和地平面,电容可以围绕芯片,均匀放置在芯片四周或者芯片下方的底层。由于电源平面和地平面的电感很小,只要处理好过孔就能获得不错的效果。

(4) 对于有多个电源和地引脚的芯片,每个电源引脚附近至少放置一个去耦电容。

(5) 多个电容并联时,小容量电容应放置在离芯片电源引脚最近的地方,大容量电容则可放置在稍远的一侧。因为不同的电容其去耦作用的范围也不一样,大容量电容通常封装尺寸也较大,谐振频率较低,对应的去耦半径较大,可以离芯片稍远一点;而小容量电容谐振频率较高,去耦半径较小,应该放置在离芯片近的地方,如图 3.68 所示。

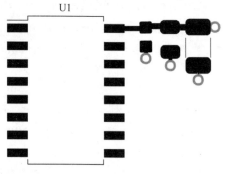

图 3.68　多个电容并联

（6）电容器焊盘到电源引脚和地的走线要尽量短而宽,以减小走线的寄生电感。

（7）尽可能地减小去耦电容和电源、地构成的环路的寄生电感。除了去耦电容靠近芯片放置以缩短与电源引脚连线的长度,还要尽快地与电源和地相连,所以应当使用过孔连接电源和地平面,而不是在元件层走线连接地或电源。

（8）特别注意去耦电容焊盘连线过孔的放置,如图 3.69 所示。

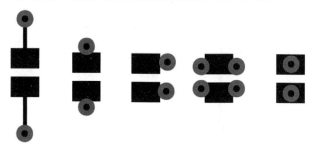

图 3.69　去耦电容过孔放置

左边第一种是较差的方式,而右侧四种是依次更好的方式。原理很简单,右侧几种的 PCB 走线很短,寄生电感最小,对称放置的多个过孔能进一步减小寄生电感。如果 PCB 布线空间较为充足,可优先选择第三种方式;如果布线密度高,则可适当选择第(4)种盘中孔的方式。

（9）多个去耦电容不要共用过孔。共用过孔会引起电流路径重合,使环路电感增加,加大了不同路径间的串扰。

3. 多个电容并联

n 个电容并联,其等效电容 $C_n = n \times C$,等效串联电阻 $ESR_n = ESR/n$,等效电感 $ESL_n = ESL/n$。并联后电容的谐振频率保持不变与单只电容相同,阻抗曲线整体下移,比单只电容获得了更低的阻抗,如图 3.70 所示。

两个不同容值的电容并联,情况就不那么简单了。由于不同容量的电容,例如直插电容器 $0.01\mu F$ 和 $0.47\mu F$,它们的等效串联电阻和等效串联电感也不相同,谐振频率和阻抗曲线也不尽相同。两只电容并联后,阻抗曲线在两只电容谐振频率中间形成了一个阻抗较高的并联谐振峰值,如图 3.71 所示。这是在并联去耦电容时必须重视的一个现象。虽然并联电容使电容容量增加,减小了等效串联电感和等效串联电阻,获得了一个更宽频带的低阻抗,但并联谐振形成的高阻抗峰值有可能使阻抗值超过设计目标。

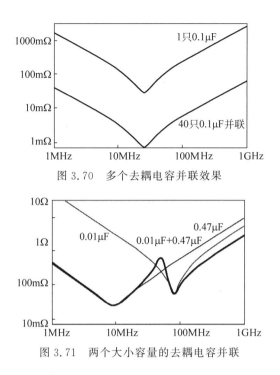

图 3.70　多个去耦电容并联效果

图 3.71　两个大小容量的去耦电容并联

3.10.4　电源-地平面电容

任何两块被绝缘介质隔开的导体平面都构成了电容,多层 PCB 中相邻的电源平面与地平面可以看成这样一个电容,即平面电容。如果两个导体平面保持得比较完整的话,这个电容的等效串联电感 *ESL* 和等效串联电阻 *ESR* 都非常小,比贴片电容器的寄生电感小几个数量级。对于大多数高速 PCB 电路来说,这个平面电容是必需的。电源-地平面之间的介质层越薄、介质的介电常数越大,等效的电容容量就越大,对降低电源分配网络高频段阻抗的作用就越大。在高速 PCB 设计中要充分利用电源-地平面电容,在成本允许的情况下,为每个电源轨设置一对电源-地平面,并尽量采用介电常数高的薄介质层,以减小间距,增大平面电容容值。

3.10.5　其他电源和地布线的经验规则

电源分配网络的电感是造成电源完整性问题的主要原因,因此通过各种元件和 PCB 布线设计等手段来降低电源分配网络的电感是电源分配网络设计的重点内容。电流环路的各个环节都有可能存在寄生的电感,例如 PCB 走线、过孔、元件封装引脚、接插件、电缆等。关于电源分配网络设计的经验规则基本上都是围绕这几个要素进行的。前面几节内容花了较多的篇幅讲述重中之重的去耦电容,以下是其他部分相关的设计经验规则。

(1) 多层板叠层设计时,将电源-地平面靠近放置去耦电容的元件焊接面,这样可以缩短去耦电容到电源和地路径(过孔)的长度,达到减小电源-去耦电容-地构成的环路面积的目的。

(2) 电流流向相同的过孔要分开,例如都是连接到电源或者地的过孔;电流流向相反的过孔要相互靠近,例如电源线上的过孔与接地过孔尽量靠近,这样做可以减小环路电感。

(3)连接电源或地的直通过孔的直径通常要比信号过孔设计得大一些。

(4)如果电源系统也为模拟电路供电,那么电源网络上的纹波和噪声都会对模拟芯片信号造成影响。解决办法是单独设计模拟电源网络,或者在模拟器件和电源之前设置一个LC低通滤波器或者放置磁珠,以滤除电源上的干扰噪声,如图 3.72 所示。

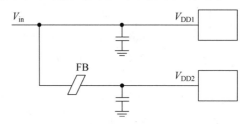

图 3.72 电源分支

第4章

PCB设计中的经验公式

经验公式是指根据理论推断或实践经验总结出来的一种简单、易于计算的数学公式。与前面介绍的经验规则一样,它们用于快速解决现场的特定问题或在某个场景中计算特定的数值。

有的经验公式是理论上严格推导公式的简化,例如去掉影响较小的因子,代入实际中一般使用的物理常数、材料参数等,例如空气中的光速、常用的PCB介质FR4的介电常数、铜的电导率、常用铜箔厚度1oz和2oz等。这样可以得到一个形式上更加简洁、更容易计算的简化公式。

有的经验公式是通过观察和实验得出的,没有通过严格的推导和证明,但在实际应用中有一定的准确性和可靠性。

由此可知,经验公式的好处是突出了主要矛盾,抓住了影响结果的主要因素,揭示了各个因素之间的重要的简单关系,并且可以快速计算,有利于现场应用。

但是经验公式得到的结果是粗略不精确的。偏离了应用条件和场景,得到的结果甚至可能是错误的。通常只能作PCB设计时的初步估算,在做进一步深入分析和决策时,不易采用经验公式,而应该使用精确分析的计算工具或仿真软件。

4.1 常见材料特性参数

PCB设计的大部分计算,都要用到材料的特性参数和一些物理常数。在介绍经验公式之前,最好先熟知常见的材料参数和物理常数,同时它们也多是信号完整性的影响因素,所以必须了解它们并记住简化的近似数值,对实际中运用经验公式或经验规则并发挥其快速决策的优点,是很有益处的。

4.1.1 铜的特性

1. 电阻率 ρ

PCB铜箔的电阻率在室温(20℃)下大约为 $1.7241 \times 10^{-8} \Omega m$,这个数值率可能会因为纯度、温度等因素而有所不同。铜箔材料一个值得注意的特性是它具有正温度系数,电阻率会随温度的升高而增加,与温度的关系如下所示:

$$\rho(t) = 1.7241 \times 10^{-8} \times (1 + 0.0039 \times (t - 20))$$

其中：$\rho(t)$ 为温度 t 时铜箔的电阻率，单位为 Ωm。

我们会经常使用这个电阻率来估计一条走线或一片铜箔的电阻。

2. 电导率

电导率是电阻率的倒数，表示材料导电能力的强弱，单位为西门子/米（S/m）。铜的电导率在室温下大约为 $5.96 \times 10^7 \, S/m$。铜是一种优良的导电材料，具有很高的电导率，在常见的金属中，电导率仅次于银，优于铝和金等金属。

既然金的电导率不如铜，为什么我们经常见到 PCB 表面处理工艺中使用镀金或沉金？

因为铜虽然是一种很好的导电材料，但是铜表面与空气接触，很快氧化失去光泽，必须进行表面处理以保护裸露的铜。镀金和沉金是两种常见的表面处理工艺。金的物理特性稳定，不易氧化，而且与铜、镍、锡等金属能紧密接合，一是焊盘浸锡润湿性好，焊接更加牢固，二是耐磨、不容易氧化而影响接触电阻，电路板即使是用了很多年其金手指依然闪亮如初。

3. 磁导率与相对磁导率 μ

磁导率用来表征磁介质的磁性大小，即在真空或磁材料中电流产生的磁通的阻力或导通磁力线的能力。

真空的磁导率定义为：

$$\mu_0 = 4\pi \times 10^{-7} \, H/m$$

其他物质的磁导率与真空磁导率之比，称为这种物质的相对磁导率。

用于制造电机或变压器的硅钢片相对磁导率为 7000～10000，这表示同样的电流，采用硅钢片为铁芯的能产生 2000～6000 倍于空芯线圈的磁通量。而铜是一种弱反磁材料，相对磁导率略小于 1，在经验公式中，常常用作 1。

4.1.2 PCB 介质材料 FR4

制造 PCB 的基础材料中，绝缘介质的特性最容易被人忽视，因为速度较低或者要求不高的电路板，绝缘介质的特性影响并不大。但在高速 PCB 中，介质的特性是主要的影响因素之一，必须了解并在设计中加以考虑。

最常见的介质材料是 FR4 板材，它是由环氧树脂＋玻璃纤维布压合而成的。相对介电常数一般是 4.2～4.7。这个介电常数随着温度和湿度变化，这种变化会导致 PCB 线路延时发生变化，温度越高、湿度越大，延时就越大。介电常数还会随信号频率变化，频率越高介电常数越小，这种现象被称为色散。

在经验公式中，一般令介电常数等于 4，便于口算和估计。

FR4 材质的另外一个需要引起重视的特性是它的损耗，在交变电场的作用下，由于介质电导和介质极化的滞后效应，电场在介质内部会发生能量损耗，即介质损失。工程上常用介质材料的损耗正切角（tanδ）来衡量介质损耗的大小。

交流电压 U 施加在介质两端，介质中有电流 I 流过，电压与电流相量的夹角直接反映了介质的绝缘程度，介质损耗与这个夹角的正切值成正比，因此电流与电压之间夹角的余角称为介质损耗角 δ，并用它的正切值 $tan\delta$ 来表征介质材料的损耗大小特性。

FR4 板材介质损耗一般在 0.02 左右。

介质厚度是影响 PCB 电气特性的重要因素，例如寄生电容和电感，较薄的介质可以提供更低的电容和电感,从而减少信号传输的损耗和失真,从而影响信号的传输速度和带宽。在设计计算 PCB 传输线阻抗时,要重点考虑介质厚度这个变量。

较厚的介质可以提供更好的机械支撑和抗弯刚度,从而减少 PCB 在装配和使用过程中的变形和破裂风险。较薄的介质可以减少 PCB 的重量和体积,提高整体产品的轻便性。

FR4 板材一般常用的厚度有：0.3mm、0.4mm、0.5mm、0.6mm、0.8mm、1.0mm、1.2mm、1.5mm、1.6mm、1.8mm、2.0mm。

4.1.3　其他常用物理量

在本书介绍的经验规则和经验公式中,还有一些常用的物理量,最好牢记。当然这些物理常数也常常做近似简化,便于记忆和快速计算,简化计算的误差在可控的范围内。

1. 光速

真空中的光速为 299 792 458m/s,可以记为 3×10^8 m/s 或 3×10^5 km/s,这样近似误差不到千分之一,完全可以放心使用。

但对于电路和 PCB 计算,m/s 这个单位太大了,可进一步化简为:

$$c\approx3\times10^8\,\text{m/s}=300\text{mm/ns}=0.3\text{mm/ps}$$

因为在 PCB 计算中也常用英制单位,所以这里也给出英制单位的光速:

$$c=11\,803\,276\,730.315\text{in/s}\approx1\text{ft/ns}=12\text{mil/ps}$$

2. 空气的介电常数

空气的介电常数与真空中的介电常数近似相等,所以在 PCB 设计中,空气的相对介电常数均按 1 计算。

3. 空气的磁导率

空气的磁导率与真空中的磁导率近似相等,所以在 PCB 设计中,空气的磁导率也均按 1 计算。

4.2　信号估计

使用经验规则和经验公式,它们的使用场景和使用条件非常重要,其中了解 PCB 电路上信号本身的基本特性就是首要任务。

一个电信号可以用很多物理量来描述,例如电压或电流的有效值、峰值、上升/下降时间、波形变化规律、频率、频谱分布、带宽、衰减、延迟、功率和功率谱密度等。而在高速 PCB 设计中,在不同场景之下,我们关心的信号特性参数是不同的。在最初设计阶段,有两个特性参数要经常用到,就是对信号传播速度和带宽的估计。

4.2.1　信号传播速度

在真空中,电磁波的传播速度是 3×10^8 m/s,换算一下,也就是 300mm/ns,或约为 12in/ns(实际工程中常用到英制单位),这个数值更加方便我们在 PCB 电路中计算。

高频信号在导线中传输,实际上是变化的电场和磁场在导体周围不断向前建立和传播。信号的传播速度,也就是电场和磁场传播建立的快慢,取决于导体周围的介质材料的特性。传播速度的计算公式是:

$$v = \frac{1}{\sqrt{\varepsilon_0 \varepsilon_r \mu_0 \mu_r}} = \frac{c}{\sqrt{\varepsilon_r \mu_r}}$$

其中，ε_0 是自由空间的介电常数，ε_r 是介质材料的相对介电常数，μ_0 是自由空间的磁导率，μ_r 是介质材料的相对磁导率，一般的介质材料都不含有铁磁元素，故相对磁导率都等于1，即：

$$v = \frac{c}{\sqrt{\varepsilon_r}}$$

PCB 常见的介质材料的相对介电常数 ε_r 为 3.5～4.5，常用 4 来估算，所以可以认为 PCB 传输线中的信号速度大约是真空中的一半，即 150mm/ns，或 6in/ns。

有了信号的传播速度，就能很快地计算出信号的传播延时：

$$T_{pd} = \frac{l}{v}$$

式中，T_{pd} 为信号传输延时，l 为传输线长度。

信号传播延时也是高速 PCB 设计经常需要了解的参数。

4.2.2　信号上升时间与有效带宽

信号带宽，指的是从直流分量一直到最高正弦波频率成分的频率范围，即包含了信号中所有的频率成分。

因为我们只关心信号中有效的频率成分，或者信号中影响较大的频率成分，而不是所有的频率成分。所以我们通常说的带宽，指的是有效带宽。

对于一个占空比 50%、上升/下降沿时间为 0 的理想方波，它的带宽理论上是无限的。而在现实世界中，我们现有的传输信道，其带宽不可能做到无限宽，信号某个频率以上的高频谐波成分会被衰减掉，因此我们无法获得零上升时间的方波，而只能得到一个类似的梯形波，它的频谱范围是有限的。

图 4.1 显示了理想方波与上升沿为 10ns 的方波（梯形波）在时域和频域的对比。可以看到梯形波的频谱，高频谐波的幅度随着频率升高，衰减比理想方波更快。当一个梯形波的谐波功率，衰减到理想方波的相同谐波功率的一半时，可以认为，这个频率以上的谐波分量已经衰减得足够多了，不再是我们要考虑的有效成分。因此可以由此来定义信号的有效带宽。

一个信号的谐波功率或幅度，与相同基频的理想方波中相应的谐波功率或幅度相比，当功率等于 50% 或幅度等于 70% 的那个频率，就定义为信号的有效带宽。

我们有一个简单的经验公式（公式推导过程比较复杂，这里略去，有兴趣的读者可阅读相关书籍）来估计非理想方波（梯形波）的有效带宽：

$$BW = \frac{0.35}{T_r} \tag{4.1}$$

其中：BW 为信号带宽，单位为 GHz；T_r 是信号的 10%～90% 上升时间，也就是信号从电平幅度的 10%，上升到 90% 所需要的时间，单位为 ns。

例如信号的上升时间是 0.5ns 时，那么信号的带宽就是 0.35/0.5＝0.7GHz＝700MHz。

从式（4.1）可以看到，信号的上升沿决定了信号的带宽。对于有相同频率，但有不同的

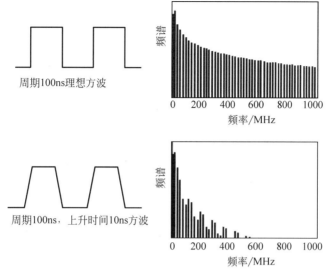

图 4.1 理想方波和上升时间为 10ns 方波的频谱

上升沿的两个数字信号,减小上升时间的信号拥有更大的信号带宽。

所以在电路设计中我们要在芯片规格允许的范围内,尽量选择较慢的上升沿,以降低信号的谐波分量,减小其有效带宽,有利于减小电路中的干扰。

同时带宽也决定了信号的上升沿。现实世界中,任何一条带宽有限的信号传输线,信号通过时总有部分频率成分无法通过,信号的上升沿将会变得不那么陡峭,这种现象称为上升沿退化,是常见的一种信号完整性问题。

传输线的带宽如何影响信号的上升沿呢?

假如传输线带宽为 BW_s,对应的本征上升时间为 T_{rs}。

当上升时间为 T_r 的信号通过传输线以后,输出端信号的上升时间 T_{ro} 就退化为:

$$T_{ro} = \sqrt{T_{rs}^2 + T_r^2}$$

例如,一个传输系统带宽为 5GHz,本征上升时间为 0.35/5=0.07ns=70ps。一个上升沿为 50ps 的信号通过后,输出信号的上升时间退化为 $\sqrt{70^2 + 50^2}$=86ps。

通常一个数字时钟信号的上升时间,除了通过实际测量来获得外,还可以这样来估计:

$$T_r = 7\% \times T_s$$

其中:T_r 为上升时间,T_s 为时钟信号的周期,如图 4.2 所示。

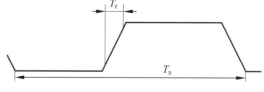

图 4.2 时钟周期与上升时间

上升时间大约是时钟周期的 7%,这是实际的数字电路系统中,时钟信号的通常规格或一个比较合理的估计。

时钟信号的频率 $F_s = 1/T_s$,结合前面估算带宽的公式(4.1)就可得到时钟信号的带宽为：

$$BW = \frac{0.35}{T_r} = \frac{0.35}{7\% \times T_s} = \frac{0.35 F_s}{0.07} = 5 F_s \qquad (4.2)$$

例如，100MHz的时钟信号，它的带宽约是500MHz。

又例如要用示波器去测量一个频率为20MHz的时钟信号，最好用一台带宽 $BW = 5 \times 20 = 100$MHz的示波器去测量，才能得到比较精确的结果。

4.2.3　数字信号的传输率与带宽

电路中传输数据或指令的数字信号，都具有特定的传输协议，用于收发两方约定的信号格式、通信内容协议和双方交换控制信息等规则，传输协议的选择对确保信号有效地高速传输是非常重要的。

常见的数字信号传输协议有：

- 通用异步收发器 UART；
- 串行外设接口 SPI；
- 串行外设接口 I^2C；
- 通用串行总线 USB；
- 以太网；
- 控制器区域网络 CAN；
- 蓝牙。

这些常见的数字信号传输协议，它们的数据传输率各不相同。

数字信号的数据传输率或比特率，是指数据从发送端到接收端的以比特形式传输的速率，通常以 b/s 为单位来表示。数据传输率不仅与数据传输协议有关，还与信号的调制方式、编码方式等有关。

例如 I^2C 传输协议的传输率在标准模式下为 100kb/s，快速模式为 400kb/s，高速模式下可达 3.4Mb/s。而 USB 2.0 的数据传输率要高得多。

数字信号传输通常是由时钟驱动的，数据传输率也通常由时钟频率决定。在设计高速PCB时，我们需要考查信号内在的时钟频率或者说信号中的最高频率成分，因为它决定了信号的频谱带宽，而后者决定了我们要使用什么样的 PCB 走线来连接收发两端芯片的信号引脚。

数据信号的时域波形可能是复杂的，例如串行数据有很多种编码方式，我们有一个简易的方法来估计它，也就是获得它携带的时钟频率。一个数据信号，它的传输率与时钟频率之间的关系可以通过下式进行计算：

$$F_s = \frac{DTR}{B_p}$$

其中，F_s 为时钟频率，DTR 为数据传输率(Data Transfer Rate)，单位为 b/s，B_p 为每个时钟周期传输的比特数。

例如 USB 2.0 高速模式的数据传输率为 480Mb/s，由于它的串行数据是非归零二进制编码，一个时钟周期传输 2 比特数据，所以其内在的时钟频率为 240MHz。根据上一节中的带宽估算公式(4.2)，可得信号带宽为 $240 \times 5 = 1200$MHz $= 1.2$GHz。

4.3 PCB 寄生参数

寄生参数指的是电路板上存在的一些非理想的或非期望的电气特性,例如由导体、PCB绝缘介质等材料的物理特性产生的寄生电容、电阻、电感等。这些寄生参数可能对电路性能产生不利影响,例如消耗电能、影响信号完整性而限制数据传输率等。

例如,PCB上的铜箔走线,在一般的直流或低频、小电流情况下,我们不会考虑PCB走线的电阻、电容和电感等寄生参数影响,因为它们对电路性能几乎没有什么影响。

但是在高速电路中,由于信号频率很高,PCB走线的寄生电感会有较大阻抗而产生电压压降,寄生电容在高频下则呈现较小的阻抗,这些变化对电路性能的影响就不能忽视了。

高速PCB设计中,必须通过测量、计算、仿真等手段来了解电路板的寄生参数,估算它们对电路性能的影响。

下面是对PCB上常见的寄生参数进行估计的经验公式。

4.3.1 PCB 走线的直流电阻

铜是一种优良的金属导体,是制造电路板的理想材料。因为铜具有很高的电导率($5.96 \times 10^7 \mathrm{S/m}$),电阻率低,能有效地传导电流、损耗低;铜有良好的焊接性能,与其他金属如锡等能紧密结合,实现可靠的电连接;铜的延展性好易于加工成型,多层电路板中铜箔最薄可以做到只有几个 μm。铜还是一种导热性能良好的金属,有利于电路板上的元器件散热,以保证电路稳定工作。

但是常温下任何导体都免不了有电阻存在,铜的电阻率尽管很小,但在精密电路和大电流电路中,铜箔走线的电阻还是有不可忽视的影响,在高速PCB设计中,我们也经常需要计算一段走线的电阻。下面的几个经验公式可以帮助设计人员快速地估算铜箔走线或平面的电阻。

1. 铜箔电阻公式

一块长度为 l、宽度为 W、厚度为 t 的铜箔,如果电流从一个窄边流入、从另一个窄边流出,且电流均匀分布,则两个窄边之间的电阻值可以用下面的公式计算:

$$R = \frac{\rho \times l}{W \times t} \tag{4.3}$$

其中,ρ 是铜箔的体电阻率,在20℃的常温下,典型值为 $1.72\mu\Omega \cdot cm$。

PCB上铜箔的厚度可用oz表示,$1oz = 28.35\mathrm{g/in}^2$。换算下来,1oz铜箔厚度实际上为 $1.4\mathrm{mil}(35\mu m)$。

常用厚度有:$0.5oz(17.5\mu m)$、$1oz(35\mu m)$、$3oz(105\mu m)$ 等。一般单面板、双面板的铜厚是 $35\mu m$,即 1oz。多层电路板表层铜厚一般为 1oz,内层铜厚为 0.5oz。

PCB铜箔厚度要根据信号类型、电压、电流的大小等参数来决定,例如对于有大电流的稳压电源电路板,要选择3oz或更厚的铜箔。

对于常见的1oz铜箔,式(4.3)还可以简化为:

$$R = \frac{1.72 \times 10^{-8} \times l}{W \times 35 \times 10^{-6}} = 0.5 \frac{l}{W}(\mathrm{m}\Omega)$$

用已知铜箔走线的长度 l 和宽度 W 代入公式，就可以方便地计算出电阻值。

2. 方块电阻公式

怎么更快地估计出铜箔走线的电阻呢？这里会用到一个实践中常用的技巧来简化计算，就是把铜箔走线划分为长度和宽度相同的正方形。

对于厚度为1oz的正方形铜箔，$l=W$，所以上式可以简化为：

$$R = 0.5\frac{l}{W} = 0.5\text{m}\Omega$$

每个厚度为1oz的方块铜箔，不管大小如何，其边到边的电阻都是 $0.5\text{m}\Omega$。而且电阻值与厚度 t 成反比例，例如0.5oz厚度时，方块电阻值增大一倍，为 $1\text{m}\Omega$。

有了方块电阻的阻值，对一条铜箔走线，我们可以将它划分为数个方块，然后用方块的数量乘以方块的电阻值，就可以得到整条走线的电阻值。

例如图4.3中的这条厚度为1oz的铜箔走线，不管它的长度和宽度如何，总共可以划分为10个方块，那么它的总电阻就是 $10\times0.5=5\text{m}\Omega$。

图 4.3 划分铜箔方块

采用这种估算方法，只需了解铜箔厚度、数出方块数量，就能迅速地了解PCB上铜箔走线的阻值。

不过要记住，这个经验法则是针对两个铜箔的两个侧边之间的直流电阻，不是上下两个面的电阻。而且也假定了电流是均匀分布的。

高频电流在铜箔中因为集肤效应会呈现不均匀的分布，导致实际的电阻值变大。例如1GHz时，高频电流的集肤深度仅为 $2\mu\text{m}=2\times10^{-4}\text{cm}$，方块电阻值变成下式：

$$R = \frac{1.72\times10^{-8}}{2\times10^{-6}} = 0.86\times10^{-2}\Omega = 8.6\text{m}\Omega$$

上述公式是铜箔方块相对的两个侧面之间的电阻。相邻侧面之间的电阻会由于电流密度的不均匀分布，呈现不同的电阻值。

3. 转角方块的电阻

在铜箔走线直角处，电流沿着铜箔 90° 转弯，如图4.4所示。电流的路径上，方块的左下方比在右上方有更短的路径，因此电流倾向于聚集在电阻较低的左下方区域，方块中的电流密度是不均匀的，方块右上方区域中的电流密度要低于左下方区域。

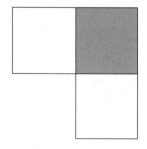

图 4.4 转角方块

通过积分计算，可以得到这个转角方块的电阻值相当于 0.56 个均匀电流的铜箔方块（$l=W$）：

$$R = 0.56\times0.5\times\frac{l}{W} = 0.28\text{m}\Omega$$

有了这个转角方块的电阻公式，就可以来估计一条形状稍微复杂的铜箔走线的电阻,例如图 4.5 中这条走线。

根据走线宽度,划分成大小不一的 11 个方块,其中 3 个为转角方块,如图 4.6 所示。

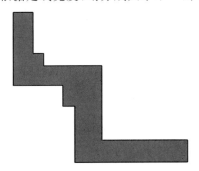

图 4.5　有三个转角的 PCB 走线

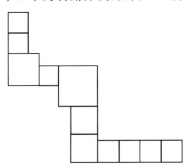

图 4.6　划分方块和转角方块

于是计算出走线电阻值为:

$$R = 3 \times 0.28 + 8 \times 0.5 = 4.84 \text{m}\Omega$$

4.3.2　走线的寄生电容

任何两个被绝缘物体隔开的导体,都能构成电容器,PCB 上的走线之间、走线与地平面之间、走线与电源平面之间、甚至与其他导体如元件引脚、接插件之间,都存在寄生电容。因此计算 PCB 走线的寄生电容是非常复杂的,但我们仍然可以对特殊条件下的寄生电容进行估算。

1. 平板电容

两个平行的金属板以及两者之间的绝缘介质构成的平板电容器,其容值计算公式如下:

$$C = \frac{\varepsilon_r \varepsilon_0 A}{d}$$

其中:ε_r 是绝缘介质的相对介电常数,常见的 FR4 材料的介电参数为 $4.0 \sim 4.7$。

ε_0 是真空介电常数,约为 $8.854 \times 10^{-12} \text{F/m}$。

A 是金属平板的面积。

d 是金属平板的间距。

PCB 两层铜箔的寄生电容、地平面或电源平面之上走线等的寄生电容,可以直接用平板电容公式来估算。

但这个公式的前提条件是 A 足够大而 d 足够小,使得绝大部分电场集中在两个平板之间。

2. 已知特征阻抗的传输线

终端开路的传输线,在低频段它的阻抗曲线表现得就像一个小电容,而电感因阻抗较小而不明显(在高频段则反过来)。事实上传输线的信号线与回流路径以及它们之间的绝缘体也的确构成了一个电容器。

对于无损传输线,其特征阻抗公式为:

$$Z_0 = \sqrt{\frac{L}{C}}$$

传输线的传输延迟时间为：

$$T_d = \sqrt{LC}$$

由上面两个公式可得：

$$C = \frac{T_d}{Z_0}$$

而传输延迟也可由信号传播速度和传输线长度确定：

$$T_d = \frac{l}{v} = \frac{l\sqrt{\varepsilon_r}}{c}$$

其中：l 为传输线长度，ε_r 为绝缘介质的介电常数，c 为真空中光速。故有：

$$C = \frac{T_d}{Z_0} = \frac{l\sqrt{\varepsilon_r}}{cZ_0}$$

传输线的单位长度电容：

$$C_1 = \frac{C}{l} = \frac{\sqrt{\varepsilon_r}}{cZ_0}$$

特别的，对于FR4绝缘材料，$\varepsilon_r \approx 4$，光速 $c = 3 \times 10^8 \, \text{m/s}$，代入上式可得：

$$C_1 = \frac{\sqrt{4}}{3 \times 10^8 \times 50} = 0.13 \text{nF/m} = 1.3 \text{pF/cm}$$

这是一个有用的经验公式，对于 50Ω 传输线，它的寄生电容大约是 1.3pF/cm。这也意味着 FR4 电路板上，所有特征阻抗为 50Ω 的传输线，单位长度电容都可以用这个数值来估计。

3. 拓展

可能有人有疑问，微带线的铜箔走线在 PCB 的表层，导体一部分在介质中，另一部分在空气中，而带状线的铜箔走线在内层而被介质全部包围，其分布电容不应该比在表层的微带线要大一点吗？

的确，走线在表层的微带线，其有效介电常数要稍小于带状线的情况：

$$\varepsilon_{reff} \approx (0.64\varepsilon_r + 0.36)$$

如果用这个有效介电常数带入公式来估算，结果会更精确些。但是，这个差别还是很小的，大约零点几个 pF/cm。对一个经验公式来说，这点误差还是能接受的。

4.3.3　走线的寄生电感

在高速 PCB 设计中，走线电感是一个非常重要的影响因素，是很多信号完整性问题的罪魁祸首，典型的例如信号线上的振铃、过冲、地弹等。

当导线中的电流发生变化时，产生变化的磁场，而磁场变化会使导线产生感应电动势来抵抗导线内部电流的变化。衡量导线这种对电流变化的响应能力的物理量就是电感，定义为导线的磁通量与电流之比。一条导线的电流变化引起自身变化，称为自感；一条导线的电流变化引起另一条导线中的电流变化，称为互感。

1. 走线的自感

PCB 上长度为 l，宽度为 W 的走线，它的自感 L 的计算公式为：

$$L = 2l \times \left[\ln \frac{2l}{W} + 0.5 + 0.2235 \frac{W}{l} \right]$$

L 的单位为 nH。从上式可以看出,走线的寄生电感量主要影响因素是长度,宽度的影响要小得多。若长度减小一半,电感量减小一半,但宽度需要增大 10 倍才能减小一半的电感。所以在 PCB 设计规则中都强调要尽量减小走线的长度。

2. 回路的寄生电感

电流只存在于回路当中,因此应该把电流回路,即信号路径和回流路径作为一个整体来考虑。在 PCB 设计中,我们经常要估算一个回路的电感量。

传输线回路的电感由信号路径和回流路径的电感组成。一条路径的电感包括本身的自感和受另外一条路径影响的互感。因为信号和回流两条路径的电流大小相同、方向相反,它们之间的电磁耦合是相互减弱的,因此路径电感等于自感减去互感。

所以回路的总电感 L_{Loop} 为:

$$\begin{aligned} L_{\text{Loop}} &= L_1 + L_2 \\ &= L_{1s} - L_{M12} + L_{2s} - L_{M12} \\ &= L_{1s} + L_{2s} - 2L_{M12} \end{aligned}$$

式中:L_1、L_2 分别为信号路径和回流路径的电感;L_{1s}、L_{2s} 为自感,L_{M12} 为信号路径与回流路径之间的互感。

从这个简单的公式,我们能得到一个重要结论:要减小回路的电感,除了减小信号路径和回流路径的自感外,还要增大它们之间的互感。

减小路径的自感的方法是减小走线的长度或者增大宽度,这个方法在 PCB 布线中有较大的局限性,所以更常见和更有效的方法是增大信号路径和回流路径之间的互感,方法是让两条路径尽量靠近。这也是我们常说的要尽量减小回路面积的原因。

对于图 4.7 中的薄介质(厚度与宽度相比非常小),上层信号路径铜箔和下层回流路径铜箔组成了信号环路,假设信号电流从左侧流入上层的信号路径,到达右侧后从下层的回流路径流回左边输入端,并且电流是均匀分布的。这种情况下,这条信号环路的电感可以用一个简单的关系来近似:

$$L_{\text{Loop}} = \mu_0 h \frac{l}{W}$$

其中,μ_0 为自由空间磁导率,约为 $4\pi \times 10^{-7}\,\text{H/m} = 12.57 \times 10^{-7}\,\text{H/m}$,代入上式有:

$$L_{\text{loop}} \approx 12 \frac{hl}{W} \quad (\text{nH/cm})$$

$$\approx 32 \frac{hl}{W} \quad (\text{pH/mil})$$

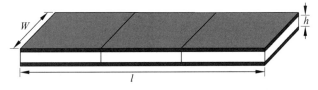

图 4.7　信号路径与回流路径铜箔

从上式中可以得到一个有益的结论：铜箔走线的长度越短、线宽越大，环路的电感越低；介质越薄，信号路径与回流路径靠得越近，环路电感越低。

与 4.2.1 节中方块电阻同样的思路，当 $W=l$ 时，可得方块回路电感为 $12\mathrm{nH/cm}\times h$，或 $32\mathrm{pH/mil}\times h$。

这是一个有用且方便的估算方法，例如对于常见的 10mils PCB 厚度，每个方块环路电感为 $32\mathrm{pH/mil}\times 10\mathrm{mil}=320\mathrm{pH}$。对于一条长 1000mil，宽 20mil 的 PCB 走线，有 $1000/20=50$ 个方块，总的环路电感为 $50\times 320\mathrm{pH}=16\mathrm{nH}$。

4.3.4　过孔的寄生参数

PCB 中的过孔是电路板上连接多个层的金属化孔。过孔作为信号传输的通路，将信号从一层传输到另一层，实现高速信号的传输，它还可以把热量传导到其他层或散热片上。过孔的类型常见的有直通过孔、盲孔和埋孔等。

在高速 PCB 中，信号路径上的过孔会造成传输线阻抗的不连续，导致信号发生反射、衰减、振铃等失真，尽管单个过孔的影响可能不大，但是信号线在多层电路板上上下穿梭时，数量不小的过孔的影响是不能忽视的。因此在设计 PCB 时，应当了解各种类型、尺寸过孔的性能，尤其是高频特性，并根据过孔对电路的影响选择适当的过孔类型和布局方式，必要时对过孔的寄生参数进行估算，甚至用仿真软件进行数值计算，以满足电路板的设计要求和制造工艺要求。

过孔看似微小，但从分布式参数的角度来看其结构并不简单，尤其是高速多层 PCB 中的各种类型的过孔。以图 4.8 中的直通过孔为例来看看它有哪些分布参数。

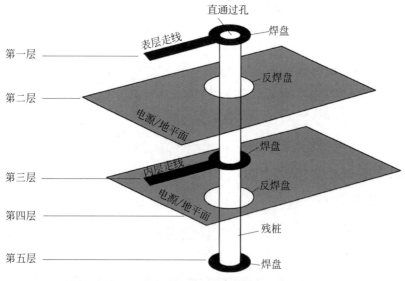

图 4.8　多层板过孔结构

(1) 顶层、第三层和底层的过孔焊盘引入了焊盘与地参考平面的寄生电容。

(2) 顶层到第三层的直通金属化孔引入了寄生电感。

(3) 第二层和第三层的反焊盘与直通孔之间引入了寄生电容。

(4) 第三层到底层的直通孔对信号来说是多余的残桩(stub)，引入了寄生电容。

由此可见,要对多层 PCB 的过孔建模进行计算是复杂、困难的。这里对过孔的电气条件做些简化,给出几个经验公式,对它的寄生电容和寄生电感做初步的估算。目的是展示影响寄生参数的主要因素和影响关系,你也可以通过估算对寄生参数的量级有一个初步的了解,有利于后续精度更好的数值计算和软件仿真。

1. 过孔的直流电阻

过孔的金属化孔都存在一定的直流电阻,在计算过孔阻抗时,尤其是在设计电源分配网络时,必须加以考虑,例如计算过孔电阻来确定它允许通过的最大电流值,通常也会使用多个过孔并联以降低其有效电阻。

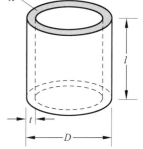

过孔直流电阻的计算可以用图 4.9 中的这个简化的过孔圆柱体模型。电流沿着过孔的长度 l 方向流动,过孔的横截面积为 A、过孔内壁的镀铜厚度为 t。可以得到过孔的电阻公式为:

$$R = \frac{\rho \times l}{A} = \frac{\rho \times l}{\pi(D \times t - t^2)}$$

其中,R 是过孔电阻,单位为 Ω。ρ 是金属化孔镀铜的电阻率,25℃时为 $1.68 \sim 1.75 \times 10^{-8} \Omega \cdot m$ 即 $1.68 \sim 1.75 \mu\Omega \cdot cm$。

图 4.9　金属化过孔

在多层电路板中,一般过孔壁厚 $t = 1mil$,$l = 63mil$ 时,直径 12mil 过孔的直流电阻大约为 $4.3m\Omega$。

2. 过孔的寄生电容

$$C = \frac{1.41\varepsilon_r D_1 h}{D_2 - D_1}$$

其中,C 是过孔的寄生电容,单位为 pF。D_1 是过孔焊盘直径,D_2 是反焊盘直径,h 是 PCB 厚度,单位均为 in。ε_r 为 PCB 绝缘介质的介电常数。

例如,过孔的焊盘直径 $D_1 = 10mil$,反焊盘 $D_2 = 15mil$,PCB 厚度 $h = 35mil$,绝缘介质的介电常数 $\varepsilon_r = 4.0$,计算寄生电容为:

$$C = \frac{1.41 \times 4.0 \times 10 \times 35}{15 - 10} \times \frac{1}{1000} = 0.39pF$$

3. 过孔的寄生电感

估算过孔的电感,可以把过孔近似为一个圆柱形的电感来简化计算。

$$L = 5.08h\left(\ln\frac{4h}{D} + 1\right)$$

其中,过孔电感 L 单位为 nH;h 是过孔长度,D 是过孔直径,单位均为 in。

例如:$h = 50mil = 0.05in$,$D = 10mil = 0.01in$,则可计算寄生电感为:

$$L = 5.08 \times 0.05 \times \left(\ln\frac{4 \times 0.05}{0.01} + 1\right) = 1.015nH$$

这个公式基于两个实用性的假设,一是假设过孔壁厚为零,二是过孔长度足够短而忽略了信号回流路径实际位置的影响。

如果需要可使用另一个更加精确的经验公式:

$$L = \frac{\mu_0}{2\pi}\left(h \times \left(\frac{h + \sqrt{r^2 + h^2}}{r} + \frac{3}{2}(r - \sqrt{r^2 + h^2})\right)\right)$$

其中：r 是过孔半径，h 是过孔长度，单位均为 m。μ_0 为相对磁导率，$\mu_0 = 4\pi \times 10^{-7} \mathrm{H/m} \approx 12.57 \times 10^{-7} \mathrm{H/m}$。

事实上，过孔可以看作是几段长度非常小的传输线，也可以通过仿真计算或测量它的 S 参数、回波损耗和插入损耗等来进行分析。例如过孔的残桩，可以看作是终端开路的传输线分支，一部分信号会进入其中，如果残桩的长度正好落在信号的 1/4 波长的整数倍范围内，就可能发生信号共振，严重影响高速信号的完整性。因此才有一种叫作背钻的 PCB 工艺，这种工艺是在过孔的背面钻孔，将无用的残桩清除到 10mil 以下，避免残桩对高速信号产生影响。

4.4 信号完整性估计

4.4.1 集肤深度

直流电流在导体中流动时，导体内部的电流密度是均匀分布的。而交流电流的电流密度却是不均匀的，呈现所谓集肤效应，即电流会向导体表面集中，电流的频率越高，集肤效应越明显。

从电磁波传输的角度来说，铜这种导电性能很好的材料具有很高的电导率，导体内部存在大量自由电子。当电磁波传播到导体表面时，电场会作用于导体内的自由电子，导致电子受到力的作用并发生移动并重新分布，形成一个与入射电磁波相等但方向相反的感应电磁场，从而减弱入射电磁波的传播。同时导体内部的自由电子会发生碰撞和散射，使得电磁波的能量很快转化为热能，导致电磁波的传播衰减。由于导体内部的这种吸收效应，电磁波很难在导体内部传播。所以电磁波主要在导体表面附近传播，在导体内部被迅速吸收和转化为热能。

导体中的电流分布呈现出指数衰减的特点。电流密度在导体表面最大，随着离导体表面的距离增加，电流逐渐减小。

$$J = J_s \mathrm{e}^{-\frac{x}{\delta}}$$

其中，J 为导体内部电流密度，J_s 为导体表面电流密度，x 为离导体表面的距离，δ 为集肤深度。

当电流减小 e 倍时对应的距离，称为集肤深度 δ，它取决于导体的电导率和电流的频率。

对于足够宽且厚的导体，集肤深度可以用下式来计算：

$$\delta = \sqrt{\frac{1}{\sigma \pi \mu_0 \mu f}}$$

其中，σ 是导体的电导率，μ_0 是自由空间的磁导率，μ 为导体的相对磁导率，f 为信号频率。

σ 越高、f 越高、δ 越小，集肤效应越明显。

在高速 PCB 设计中，我们要考虑集肤效应的影响，是因为集肤效应会导致导体有效截面积减小，同时由于导体的表面的粗糙度高于内部，所以集肤效应使导体的实际电阻增加了。因此在设计高频电路时，需要考虑集肤效应对铜箔走线的影响，选择合适的铜箔厚度，确保电路的高频性能符合设计要求。

PCB上铜箔的电导约为 $5.96 \times 10^7 \mathrm{S/m}$,换算为常用单位是 $0.0175\Omega/\mathrm{m}$,将它与磁导率等常数代入上式可得一个更加实用的形式:

$$\delta = 2\sqrt{\frac{1}{f}}$$

其中,δ 为集肤深度,单位为 $\mu\mathrm{m}$;f 为信号频率,单位 GHz。

1GHz 时的集肤深度为 $2\mu\mathrm{m}$,这个深度与 PCB 铜箔尺寸相比非常小了,高频电流基本上就在铜箔表面。1oz 铜箔厚度为 $35\mu\mathrm{m}$,表面粗糙度(均方根值)为 $2.4\mu\mathrm{m}$,与集肤深度相当,因此频率大于 1GHz 后,铜箔的电阻值受粗糙度的影响将快速上升。

4.4.2　地弹电压

地弹是由于信号回流路径中的电感和电源中的开关电流所产生的噪声电压。地弹噪声引起了地参考平面的电压波动,显然可能会影响并传播噪声到另一个信号路径中,因为地平面是所有信号回路的参考平面和回流路径的汇集之处。

同时开关噪声 $\dfrac{\mathrm{d}I}{\mathrm{d}t}$ 越大,回流路径的电感 L 越大,地弹噪声 V_{noise} 就越大,因为两者的关系是:

$$V_{\mathrm{noise}} = L \times \frac{\mathrm{d}I}{\mathrm{d}t} \tag{4.4}$$

只要知道了同时开关噪声和回流路径电感,就能估算出地弹电压的大小。

这里,同时开关噪声电压可以根据信号幅度 V_{s}、负载阻抗 Z、上升时间 T_{r} 以及同时开关的信号数量 n 等参数来计算:

$$\frac{\mathrm{d}I}{\mathrm{d}t} = n \times \frac{V}{Z} \times \frac{1}{T_{\mathrm{r}}}$$

回流路径电感 L 的估算,请看 4.3.3 节。

这个噪声电压为:

$$V_{\mathrm{noise}} = L \times \frac{\mathrm{d}I}{\mathrm{d}t} = nL\frac{V}{ZT_{\mathrm{r}}}$$

将它与信号电压比较得到信噪比:

$$N = \frac{V_{\mathrm{noise}}}{V_{\mathrm{s}}} = \frac{nL}{ZT_{\mathrm{r}}}$$

假设传输线特征阻抗为 50Ω,那么电感为 1nH,上升时间 1ns 时,一个开关噪声的信噪比就是 2%。应当记住这个数值,以及公式中各参数之间的关系,以方便下面进行估算。

例如,上升时间为 2ns,回流路径电感为 10nH 时,每条电路开关噪声的信噪比为 $10/2 \times 2\% = 10\%$

从式(4.4)可以看出,减小地弹噪声要点如下。

① 减小同时开关的信号数量。

② 减小信号回流路径的寄生电感。

③ 降低工作频率,增大上升时间。

④ 降低信号电压。

4.4.3 回流电流密度分布

电路中的信号从输出端到达接收端,有一个信号流动的路径,同时必须有一个回流路径构成一个电流环路,否则电流不会流动。

信号的返回电流将总会以某种方式找到回到其源头的路径。与很多人的想象不一样,高频信号的返回电流一般会集中在信号路径走线的下方流动,因为这是信号找到的最小阻抗路径。电流密度在其信号路径走线正下方或上方时最高,即使是以完整的地平面作为返回路径,其中的返回电流依然集中在信号走线的下方或上方。

因此,在高速 PCB 设计时,必须为每条信号走线在其下方建立一个完整的回流路径,一般是完整的地平面,以保持返回电流密度分布均匀,回流路径具有最小的阻抗。

返回电流密度是指通过返回路径铜箔中流动电流的在走线宽度方向上的分布密度,了解返回电流密度在设计信号返回路径时尤为重要。

图 4.10 为信号路径与返回路径的横截面示意图,图中曲线 I_dis 表示横截面上沿水平方向的电流密度分布。

$$I_\text{dis} = \frac{I_0}{\pi h} \times \frac{1}{1 + \left(\dfrac{D}{h}\right)^2}$$

其中:I_0 为总电流,单位为 A;h 为信号走线与参考平面的距离,单位为 cm;D 为水平方向上与走线中心的距离,单位为 cm。

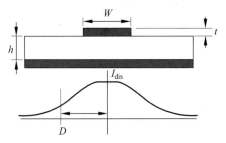

图 4.10　返回电流密度分布

4.4.4 串扰

PCB 上两条信号线相互靠近时,一条线上的信号会通过寄生电容和寄生电感在另外一条信号线上产生干扰噪声,这种干扰称为串扰。串扰是我们不希望发生的信号之间的能量耦合,因为它会使受害线上的信号失真而影响数据传输。尤其是高密度走线的高速 PCB 电路,多条信号线之间经常会发生这种串扰而相互影响。多条攻击信号线产生的干扰叠加,可能会严重影响受害线信号的完整性。所以有必要对信号间的串扰幅度作出估计。

信号之所以产生串扰,是因为信号线与信号线之间存在无法消除的寄生参数,如寄生电容,包括信号线与地之间的自容电感和信号线之间的互容电感、寄生电感,包括信号线的自感和信号线之间的互感。PCB 构成材料的性能指标和 PCB 设计参数决定了寄生参数的大小,如 PCB 的层叠结构、介质材料的介电常数,还有 PCB 走线的设计参数如走线宽度、间距和厚度等。

关于串扰是如何发生的,近端和远端串扰有什么区别,它们受什么因素影响等等内容,请阅读第 3 章的 3.7 节。

发生串扰的两条传输线中,攻击线产生的串扰有两种类型,一种是前向串扰,即与攻击线信号方向相同的串扰;另一种是后向串扰,即与攻击线信号方向相反的串扰。后者是传输线中主要的串扰噪声,它的幅度与攻击信号的幅度成正比。

这里给出后向串扰幅度的估算公式。虽然这个经验公式稍稍有点复杂,实际用起来不如计算工具或仿真软件来得方便,但它揭示了影响串扰幅度的几个重要因素之间的关系,有助于理解处理串扰噪声问题的策略和方法。

1. 微带线串扰

微带线是位于 PCB 表面的走线,图 4.11 中的微带线模型参数中,S 为信号走线边到边的间距,H 为介质厚度,也是走线到参考平面的距离,这两个参数的单位均为 mil。介质材料的相对介电常数为 ε_r,微带线长度为 l,单位为 in。

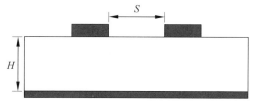

图 4.11 微带线

攻击信号的幅度为 V,单位为 V;上升时间为 T_r,单位为 ns。

信号从近端传输到远端,再反射回到近端的传播时间为:

$$T_p = 2 \times l \times 1.017 \times \sqrt{0.475\varepsilon_r + 0.67}$$

如果这个来回一次的传播时间小于信号上升时间,即 $T_p \leqslant T_r$,则串扰的幅度为:

$$V_{\text{crosstalk}} = \frac{V}{1 + \left(\dfrac{S}{H}\right)^2} \times \frac{T_p}{T_r}$$

串扰幅度主要取决于信号的上升时间。

如果来回传播时间大于信号上升时间,即 $T_p > T_r$,则串扰的幅度为:

$$V_{\text{crosstalk}} = \frac{V}{1 + \left(\dfrac{S}{H}\right)^2}$$

从式中可以看出影响串扰幅度的主要因素:间距与厚度之比(S/H)。

其他因素还包括传输线长度、相对介电常数等。当传输线长度大于某个长度,使来回传输时间大于信号的上升时间,串扰幅度就不再受长度和信号上升时间的影响,为固定值,也就是串扰达到了饱和。

2. 带状线串扰

带状线是位于 PCB 内部的走线,图 4.12 为窄边耦合带状线模型,其参数 S 为走线的边到边间距,h_1 为一条走线到参考平面的距离,h_2 为另一条走线到参考平面的距离,H 为两个参考平面的间距,也是介质的厚度,这些参数的单位均为 mil。介质的相对介电常数为 ε_r。

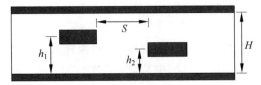

图 4.12　带状线

同样,攻击信号的幅度为 V,单位为 V;上升时间为 T_r,单位为 ns。

带状线两条走线的有效间距计算为:

$$S_{eff} = \sqrt{s^2 + (h_2 - h_1)^2}$$

两条走线到参考平面的有效高度分别为:

$$h_{1eff} = \frac{h_1(H - h_1)}{h_1 + (H - h_1)}$$

$$h_{2eff} = \frac{h_2(H - h_2)}{h_2 + (H - h_2)}$$

信号从近端传输到远端,再反射回到近端的传播时间为:

$$T_p = 2 \times l \times 1.017 \times \sqrt{0.475\varepsilon_r + 0.67}$$

如果这个传播时间小于信号上升沿,即 $T_p \leqslant T_r$,则串扰的幅度为:

$$V_{crosstalk} = V \cdot \frac{1}{1 + \dfrac{S_{eff}^2}{h_{1eff} \cdot h_{2eff}}} \cdot \frac{T_p}{T_r}$$

串扰幅度主要取决于信号的上升时间。

如果来回传播时间大于信号上升沿,即 $T_p > T_r$,则串扰的幅度为:

$$V_{crosstalk} = V \cdot \frac{1}{1 + \left(\dfrac{S_{eff}^2}{h_{1eff} \cdot h_{2eff}}\right)^2}$$

特别地,如果带状线是对称的结构,即 $h_1 = h_2 = H/2$(忽略走线厚度),上式简化为:

$$S_{eff} = S$$

$$h_{1eff} = \frac{H}{2}$$

$$h_{2eff} = \frac{H}{2}$$

如果 $T_p \leqslant T_r$,则:

$$V_{crosstalk} = V \cdot \frac{1}{1 + \dfrac{4S^2}{H^2}} \cdot \frac{T_p}{T_r}$$

否则:

$$V_{crosstalk} = V \cdot \frac{1}{1 + \left(\dfrac{4S^2}{H^2}\right)^2}$$

第5章

特殊PCB设计的经验规则

5.1 双层电路板

5.1.1 双层电路板的局限性

双层电路板天然不适合高速信号的电路布线,主要原因有以下几点。

(1) 布线空间有限,很多信号走线拥挤、间距太小,也有很多的平行、交叉,信号完整性很难保证。

(2) 难以铺设大面积的完整的接地铜箔,为高速信号走线布置回流路径,难以控制阻抗,容易产生信号反射、串扰等问题。

(3) 由于PCB强度要求,板厚不能太薄所以无法使用薄介质,按传输线阻抗要求设计的微带线走线尺寸过大,占用较大的PCB面积,难以布线并控制单端传输线的阻抗。例如在标准厚度62mil(1.6mm)的双层板上设计一条特征阻抗50Ω的传输线,走线宽度达到110mil。这是一个很大的数值。

(4) 可用于布线的层少,也没有可用的屏蔽层,所以容易受到外部信号的干扰,影响数字信号的传输稳定性和可靠性。

(5) 在电磁兼容方面,双层PCB也难以保证EMC性能。

5.1.2 双层电路板布线经验规则

虽然对于高速数字信号电路,双层板不是最佳的选择,但是当高速数字电路元件不多、高速信号线数量不大且传输距离较短的情况下,出于成本的考虑,还是可以进行布线的。只要遵循一些必要的设计规则,就可以达到高速信号传输的性能要求。

1. 较短的高速信号走线

高速信号如果传输距离较短,信号走线的长度显著小于信号波长,信号在传输线上的传输延时与上升沿相比很小,例如传输延时只有上升时间的10%,此时传输线效应不明显,就可以不考虑控制PCB走线的阻抗,按普通走线进行布线即可。

例如USB 2.0全速模式下,上升时间最短4ns,高速模式下,上升时间约500ps。在FR4 PCB中,信号传播速度约为光速的一半,等于0.15mm/ps(详见4.2节)。在500ps的上升时间内,信号传输的距离为 $500 \times 0.15 = 75$mm。如果信号走线长度小于这个数值的 10%,即 7.5mm,则认为信号走线的传输线特征不明显,不必控制走线阻抗。

USB 2.0 全速模式时,信号上升时间最短为 4ns,用同样的方法可计算,信号走线长度小于 60mm 时可以不控制阻抗。

由此可见,通常尺寸的双层 PCB,USB 2.0 PCB 走线在全速模式时基本上可以按普通走线设计,只要走线长度不超过 60mm,就可以不按传输线设计。而在高速模式下,走线长度限制在 7.5mm 以下才可以。超过这个长度限制,就要按传输线进行设计和布线,即实现 45Ω 的奇模阻抗和 90Ω 的差分阻抗。

在双层电路板上布 USB 2.0,一些常见的经验规则包括:

(1) USB 插座与 USB 接口芯片或单片机尽量靠近,以减小数据走线的长度。

(2) 尽量减小数据走线上的过孔数量,差分线上的过孔要对称放置。

(3) USB 的两条差分数据线,尽量保证它们的长度相等。

(4) USB 数据线远离其他高速信号线($3W$ 以上)

2. PCB 走线线宽设计

因为双层板上布线空间比较紧张,为了保证布置所有器件和连线,并留出足够的空间来铺铜构造地平面,PCB 走线和间距不宜过宽。现在 PCB 制造技术比过往提高了很多,一般工厂的双层板工艺最小线宽和间隙达到了 4mil(0.10mm),最小过孔可做到内径 0.3mm,外径 0.5mm。所以一般信号线,1oz 厚度的铜箔,线宽可设为 $6\sim8$mil,过孔钻孔直径 $13\sim16$mil。电源走线考虑到通流能力要更宽一点,线宽可设为 $20\sim25$mil。

实际上用 PCB 计算工具核算一下,可知长 100mm,宽 6mil,铜厚 1oz 的 PCB 走线,直流电阻为 0.5Ω。这个量级的直流电阻对普通信号几乎没有什么影响。30mil 线宽的电源走线通流能力为 3A(室温下升温 25℃),100mm 长时直流电阻为 60mΩ,压降只有 180mV,能满足大部分电路要求。

对于标准的 1.6mm 厚双层 PCB,顶层 6mil 线宽的走线(底层为地平面)阻抗大约为 150Ω。信号以这个固定的线宽布线,基本上能保持阻抗连续,不发生反射而出现失真。

3. 元件布局和布线

双层板的优势是成本较低,所以要避免两面安装零件而增加制造成本。通常的方案是顶层布置所有元器件、信号布线和电源走线,底层为地平面。

布线的一个基本原则就是要保证每条信号走线下方有一条连续的回流路径。做到这一点的方法其实很简单,就是保证底层的地平面完整、不要切割。

将所有走线布置在顶层,保证每条走线下方的地平面完整无缺,即任何走线都不要跨过底层平面上的间隙或开槽。这样做的目的就是为了保证信号的回流路径与信号线紧密耦合,信号环路的阻抗最小。即使是长度很长的走线,信号在传输过程中也不会出现阻抗不连续,发生反射而出现失真。相邻的信号走线之间互感、互容也将减小,降低了信号线之间的串扰。

如果万不得已必须在底层布线,则要使底层的走线尽量短,无法缩短时要在顶层添加一条回流路径(接地铜箔,如图 5.1 所示),这样可使在底层的信号线与顶层的回流路径中构成一个低阻抗的信号环路,信号完整性得以保证。

精心调整元件位置以让出较大的布线空间,尽量拉开信号走线间的距离,线与线的中

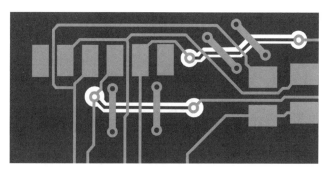

图 5.1　添加回流路径铜箔

心距离大于 3 倍线宽（3W 原则）。走线与其他焊盘、过孔以及地平面的间距也满足 3W 原则。

4. 去耦电容

去耦电容要尽可能靠近芯片的电源和地引脚放置，并尽可能地缩短电容到引脚焊盘、缩短电容到地平面的连线长度，降低环路电感。

尽量使用小封装的大容量电容器，额定电压至少为电源电压的 2 倍。电容器的容值取决于芯片在最坏情况下的瞬态电流大小。不过一般情况下，通常可以放置 1～3 个并联的 $22\mu F$ MLCC 电容。

去耦电容的总容量不是最重要的，因为在高速信号电路中，影响去耦电容实际效果的最主要因素是：芯片的电源引脚和接地引脚与去耦电容形成的环路的电感要低。将电容器靠近芯片电源和地引脚，用短而宽的走线连接引脚到电容焊盘。多个电容并联时，甚至可以用一块铜箔连接多个焊盘，如图 5.2 所示。

5. 输入输出信号的回流路径

除了 PCB 上信号走线必须有明确的回流路径，所有的输入输出信号都应尽可能配置一个回流输入输出线引到外部电路或模块。多个信号共用同一个回流引脚很容易产生地弹噪声或电源开关噪声。例如 MCU 开发板上常见的双排插针输出插座，有很多个数字输入输出信号，但可能只有 1 或 2 个地线针脚，这往往就是产生地弹噪声的原因。最好的方法应该是，为每条输入输出信号都安排一条地线，输入输出的扁平排线，也采用信号线与地线间隔排列的方式，如图 5.3 所示。

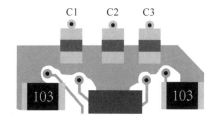

图 5.2　并联多个电容

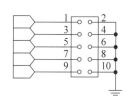

图 5.3　为每条输入输出线安排一条地线

6. 关于铺铜的问题

一个重要的经验规则是在顶层不要随意铺铜，因为在信号线之间铺铜，往往解决不了信号间串扰的问题，反而会带来更多的问题。保持信号之间的间距（3W 原则）才是解决信号串扰最根本、最有效的方法。如果一定要铺铜，则要放置足够多的接地过孔，如图 5.4 所示,并使过孔的间距小于信号最高频率成分波长的 1/10,即过孔间距 $d < \lambda/10$(λ 为信号波长)。

图 5.4　铺铜上的接地过孔

简而言之,PCB 设计最重要的原则是仔细设计和管理信号的回流路径,保证其连续性且与信号路径紧密耦合,以获得最低的环路阻抗。所以重点是要保证底层地平面的完整性,而不是依赖顶层的铺铜。

5.2　DC-DC 开关电源电路

DC-DC 指直流转直流,DC-DC 变换器通常指开关电源,在直流电路中将一个电压值的电能变为另一个电压值的二次变换电源装置。

与线性稳压器的 LDO 相比,DC-DC 转换器的显著优点是功率大、转换效率高,适应宽电压输入范围。因此 DC-DC 转换器广泛用于电力电子、军工、工业设备、消费类电子产品中。

DC-DC 转换器一般由控制芯片、电感、电容、二极管等元件组成,有三种常见的电路拓扑结构:

(1) Buck(降压型 DC/DC 转换器)。

(2) Boost(升压型 DC/DC 转换器)。

(3) Buck-Boost(升降压型 DC/DC 转换器)。

无论是 Buck 电路还是 Boost 电路,或者其他电源拓扑电路,一个共同的特点就是高频的开关大电流,所以每个 DC-DC 电源变换器都是一个大功率、宽带的噪声源。DC/DC 转换器的噪声不仅会在 PCB 电路内部传导,还会通过连接电缆辐射出去。

在近场环境中,电磁场的强弱随距离的平方下降。所以应当使噪声源远离敏感电路。但是 PCB 印刷电路板的尺寸和电缆连接器的位置通常是根据安装尺寸确定的,而且 PCB 尺寸小、元件密度大,元件高度也有限制,DC-DC 电源电路与其他电路之间很难拉开很大的距离来减弱电磁干扰,也没有太多的空间来放置 EMI 滤波器。这使得把 DC/DC 电源转换器集成到电路单元中,并同时满足 EMC 要求,成为电子工程师的一个巨大的挑战。

任何一个优秀的 DC/DC 电源转换器设计都离不开精心的布局规划和遵循 PCB 布线经验规则。好的布局可提高性能、减小发热、提高功率密度、降低成本并加快产品研发速度,在可靠性、EMC 要求、产品竞争力等方面取得优势。

5.2.1　电路原理和关键回路

开关型 DC-DC 变换器的基本原理是基于电感储能,通过占空比或频率可变的方波切换导通开关,配合续流二极管和起平滑电压作用的电容器,将输入电源提供的直流电压转换为比输入电压低或高的电压输出。

BUCK 和 BOOST 是两种最基本的电路拓扑,前者属于降压型,后者属于升压型。两者结合在一起构成升降压的 BUCK-BOOST 类型。

1. BUCK 电路

如图 5.5 所示,BUCK 变换器是降压型变换电路,因为它的输出电压不能高于输入电压。输出电压大小取决于控制开关管的 PWM 信号的占空比:

$$V_{out} = V_{in} \times D$$

其中:V_{out} 是输出电压,V_{in} 是输入电压,D 为 PWM 信号的占空比。

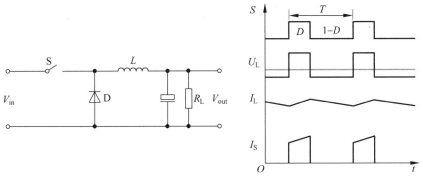

图 5.5　Buck 电路原理图

BUCK 电路一个转换周期分为两个阶段。

(1) 开关管导通,电感储存电能,同时电容充电。

(2) 开关管关断,电感和电容储存的电能传送给负载,电路为负载供电。由于电感电流不能突变的原理,电感中的电流持续流向负载。此时二极管导通,使电感电流形成回路。电容在此过程中放电,对输出电压起到稳定作用。

2. Boost 电路

如图 5.6 所示,Boost 变换器属于升压型变换电路,因为输出电压总是比输入电压高,不能低于输入电压。输出电压大小同样取决于控制开关管的 PWM 信号的占空比:

$$V_{out} = \frac{V_{in}}{1-D}$$

式中 V_{out} 是输出电压,V_{in} 是输入电压,D 为 PWM 信号的占空比。因为占空比有 $0 < D < 1$,所以总有 $V_{out} > V_{in}$。

与 BUCK 电路类似,BOOST 电路一个工作周期,也可分为两个阶段。

(1) 开关导通,电感 L 接地,输入电压对电感 L 充电储存电能,电感两端电压持续上升直到 V_{in}。电容在此过程中放电为负载提供电流,维持输出电压。

(2) 开关截止,由于电感电流不能突变,二极管导通形成回路,电感电流持续流向负载,输出电压 V_{out} 为负载供电,同时为电容充电储存电能。

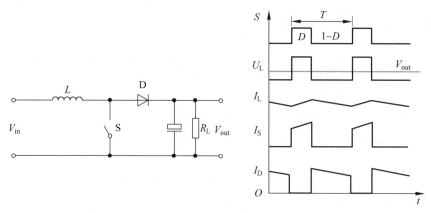

图 5.6　Boost 电路原理图

BUCK 和 BOOST 电路通常都要控制器进行负反馈控制。首先对输出电压采样,控制器得到输出电压与设定值的误差信号,即可通过调节开关管控制信号 PWM 的占空比,动态调整开关管的导通和截止时间来调节输出电压并维持输出电压的稳定。

以上是两种类型的 DC-DC 变换电路原理的简单介绍,没有对电路原理的细节展开解说,但对于理解下面将介绍的 PCB 设计经验规则是足够的,如果想了解更深的原理和设计细节,请参阅其他专业书籍。

对 PCB 设计来说,我们更关心电路中产生干扰的部分,以及如何将干扰源对外部电路的影响降到最低。电路中的哪些部分会产生大功率的噪声呢?从 DC-DC 转换器原理图中可以发现,蕴含能量最大的部分就是发生高频变化的电流回路,它们往往是造成干扰噪声的关键回路,即罪魁祸首。因为 $V = L \dfrac{\mathrm{d}I}{\mathrm{d}t}$,越高的电流变化率,产生的干扰电压就越高。

在 BUCK 和 BOOST 电路中,MOSFET 开关管的换向电流压摆率超过 5A/ns 是很常见的,这么大的电流变化率,只要有一丁点儿寄生电感,例如 2nH,就会导致高达 10V 的电压尖峰。而且电流的矩形波有丰富的谐波分量,存在严重的宽频带干扰噪声和 EMI 辐射。所以必须最大限度地减少这个变化电流环路的有效环路长度或者环路面积。减小环路面积可以减少寄生电感,降低感应电压,实际上也是减少了等效环形天线的辐射水平。这项工作在 DC-DC 电源变换器电路 PCB 设计中,是最主要的设计步骤和重点。

5.2.2　PCB 叠层

与很多人想象的不同,DC-DC 电源变换器在单面板或者双面板上表现不佳甚至完全无法正常工作。与之相比,多层 PCB 具有更多的优势。多层 PCB 在减少传导损耗、降低热阻加快散热、减轻电磁辐射干扰,以及最大限度地降低电源噪声等方面,远远优于单面或双面印刷电路板。

多层板可以设置一对或多对电源平面与地平面,大面积的、完整的铜箔层有更高的通流能力、更低的压降、更好的散热性能。更重要的是,完整大面积的铜箔平面还具有电磁屏蔽功能,保护敏感的电压电流反馈电路免受噪声较大的功率电路影响,能大幅改善电路的 EMC 性能。

在大电流功率元件层和敏感的小信号元件走线层之间,插入地平面和输入输出电源平面,对提高 DC-DC 电路性能很有帮助。接地平面与位于顶层的大电流环路紧密耦合,有助于减少电流回路的寄生电感。连续的、完整的大面积接地平面的重要性怎么强调都不过分,如果产品需要通过 EMC 认证测试,四层以上的多层板是最好的选择。

多层 PCB 中的地平面和电源平面,不要切割以免破坏铜箔平面的完整性,影响平面低阻抗的特征。如果切割平面是不可避免的,则必须尽量减少在这些平面上的走线数量和长度。

关于详细的 PCB 叠层设计介绍,可阅读 3.2 节。

四层 PCB 叠层方案中,较好的一种是这样的。

L1:功率器件和大电流走线、功率地 PGND。

L2:地平面 GND。

L3:小信号布线。

L4:小信号布线和控制芯片及其他元件。

六层 PCB 叠层方案中,较好的一种是这样的。

L1:功率器件和大电流走线。

L2:地平面 GND。

L3:小信号布线。

L4:小信号布线。

L5:电源层或地平面层(GND)。

L6:功率器件和大电流走线、控制芯片等元件。

在这两个方案中,小信号层被地平面层或电源平面层屏蔽,功率元件所在的表层一定与地平面层或电源平面层相邻。介质层可根据预算选择介电常数较大的薄介质材料。表层因为功率元件电流大,工作温度高,最好选择较厚的铜箔,以尽量减少大电流走线的损耗和热阻。

5.2.3 元件布局和布线

1. 关键环路

DC-DC 电源变换器中电路 PCB 设计成功的关键在于,识别并妥善处理电路中的关键环路(也称热回路),即大电流、高频开关的环路。

在开关电源中,电流始终在不停地开关切换,而且频率相对比较高。任何电流流动都会产生磁场,快速切换的大电流就会产生较强的交变磁场。如果关键环路的布局或布线不当引起寄生电感,环路就会导致较大噪声和干扰辐射,例如电压波形出现过冲、振铃和地弹噪声等。交变电流也会通过电容耦合传导到相邻电路中,增加了电源噪声辐射。

关键环路的具体形式因 DC-DC 开关变换器的电路拓扑结构和主控制芯片方案而异。我们要从原理图中识别出具有高电流变化率的环路。以图 5.7 中的 Buck 电路为例。

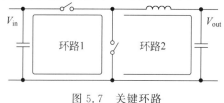

图 5.7 关键环路

图 5.7 显示了一个简单的降压型 BUCK 电路拓扑结构,从 BUCK 的工作原理可知,环路 1 中有快速开关的电流,而环路 2 中的电流是持续的。环路 1 就是这个电路的关键环路。因为两个开关不会同时打开,所谓环路并没有形成一般意义上的环路电流,但两个开关交替闭合、断开,其中的电流交替流过开关,从高频切换电流来看,可以看作构成了一个环路,也就是说它是一个由两个实际电流环组成的虚拟电流环。重点是这个环路中存在高频切换的大电流。

再看环路 2,虽然它不是关键的热回路,但是也是一个大电流环路。电感中的电流基本上是直流电叠加三角波。电流的波动幅度仅次于环路 1。所以对待环路 2,也要以同样的方式小心地进行处理,使它的环路电感尽可能小,只是它的重要程度不如环路 1,可以把它当作次要环路。

另一个可能的大瞬态电流环路是 MOSFET 的栅极驱动电路,包括高侧 MOSFET 驱动器的自举电容电路。驱动电路在闭合和关断转换期间对 MOSFET 的栅极电容进行充电和放电,栅极回路中会有峰值高达安培量级的瞬态电流。栅极驱动回路的寄生电感对 MOSFET 驱动信号也有非常大的影响。环路电感会使驱动信号出现过冲、振铃等失真,使 MOSFET 开启和关断期间的损耗增加。

在尽可能靠近芯片的 VCC 和 PGND 引脚的地方放置去耦电容,可以最大限度地减小低压侧栅极驱动器的环路面积。高压侧栅极驱动器环路面积也可通过将自举电容器放置在靠近 SW 和 BOOT 的引脚位置来缩小。从控制器驱动输出到 MOSFET 的栅极的 PCB 走线应尽可能短。

实际上芯片设计生产厂商也在努力减小这两个环路大小。例如将 MOSFET 开关管集成在芯片内部,有的芯片甚至将输入电容也集成在芯片内部。还有的芯片通过将关键环路分割成两个对称的形状以产生极性相反的磁场,从而在很大程度上消除噪声。控制芯片的封装也不断小型化,将芯片封装引脚的寄生电感减小到最低。这些措施都大大简化了外部电路和 PCB 的设计难度,提高电源性能的同时降低噪声和 EMI 辐射。在设计阶段要注意选择这些技术先进的芯片。

还有电路中具有高电压变化率的结点,例如 MOSFET 开关管输出节点、高压侧栅极驱动器节点等。这些节点有较高的高频变化电压,可能与附近电路发生电容耦合。

抑制高频开关节点的 dV/dt,首先可以通过减小面积来减小近场电场的电场强度。例如通过减小 SW 的铺铜面积或者电感的体积来实现缩小这些节点所占的铜箔面积,减小与周边走线或铜箔的耦合。

以一个实际电路为例,电路图出自 Analog Device 公司的 ADP2360 数据手册,为了更清楚地表达,重新绘制部分原理图如图 5.8 所示,隐去了不相关部分。

ADP2360 是一款内置 MOSFET 的 BUCK 降压型芯片,输入电压 4.5~60V,输出电压从 0.8V 到输入电压(V_{IN})可调。在原理图(图 5.8)中,芯片第 7 脚为 SW,第 8 脚为 V_{IN},第 6 脚为 PGND,用前面的分析方法,绘出关键环路如图 5.7 中的环路 1,次要环路为图 5.7 中的环路 2。

在 PCB 设计中优先处理环路 1。由于高侧和低侧的两个开关(MOSFET)已集成在芯片内部,所以只需让输入电容 C_{IN} 尽可能地靠近芯片,即可达到使环路面积最小的目的。其次处理环路 2,使输出电容、电感、芯片三者尽可能地靠近,并使连线最短。实际的元件布

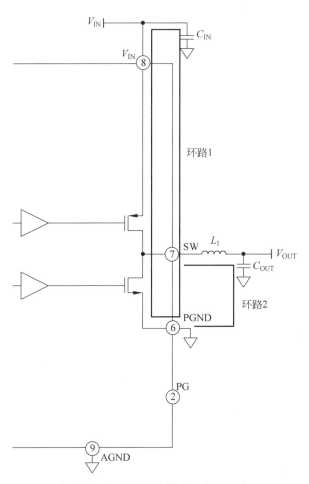

图 5.8 ADP2360 电路中的关键环路

局如图 5.9 所示。图 5.9 中标注的三角形为环路 1,矩形为环路 2。

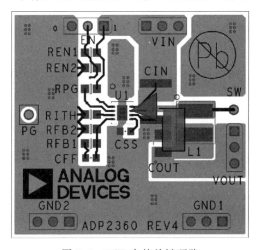

图 5.9 PCB 中的关键环路

对于如图 5.10 所示的 BOOST 电路拓扑结构,可以用相同的思路分析,不难找出关键环路和高压变化率的节点。

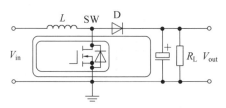

图 5.10　Boost 电路中的关键环路

理解了上述关键环路的处理原则,再来理解布局相关的经验规则就容易多了。

2. 功率 MOSFET

随着大功率 MOSFET 开关速度的提高和封装的改进,关键环路的寄生阻抗成为了功率 MOSFET 开关性能的瓶颈。布局中优先考虑处理关键电流环路,对成功的 PCB 设计来说是关键的一步。

PCB 布局应首先放置 MOSFET,确定其位置以后,根据关键电流环路再放置其他相关元件,例如输入电容和输出电容(MLCC)等,一般都放置在 PCB 顶层。

高侧和低侧的 MOSFET 尽可能地靠近摆放,使它们与输入电容构成的关键回路面积最小,以获得较低的回路阻抗。例如图 5.11 所示的这种方式。

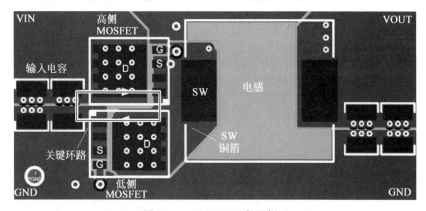

图 5.11　MOSFET 布局例 1

将图 5.11 中的高侧 MOSFET 旋转 90°,得到如图 5.12 中的布局。这样可以改善MOSFET 的散热,并方便地在 MOSFET 附近放置 0603 封装的输入电容,构成更小的环路,降低高频阻抗。这种布局方式也方便输出电容器与低侧 MOSFET、电感构成较小的环路(次要关键环路)。

在多层板中,还可以采用两颗 MOSFET 和输入电容垂直排列的布局,通过过孔与第二层的地平面相连。这样构成的环路面积更小,如图 5.13、图 5.14 所示。

L1 和 L2 之间使用最薄的介质材料,使地平面尽可能靠近叠层的 MOSFET 开关电流路径,达到紧密耦合的效果。由于两部分的电流方向相反,它们耦合越紧密,环路的电感就越小。减小环路电感就可以减少 MOSFET 开关节点电压的过冲,抑制 EMI 辐射。

3. 控制芯片

DC-DC 电源控制芯片是整个电路的核心,它有最多的引出脚,与 PCB 上的元件几乎都有连接,它是高频大电流与敏感的电压采样信号汇集之处。所以芯片的布局摆放十分重要。

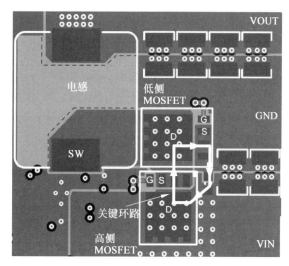

图 5.12 MOSFET 布局例 2

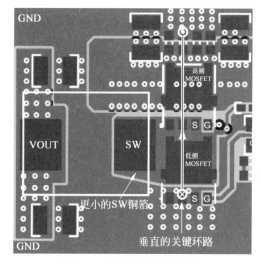

图 5.13 MOSFET 布局例 3

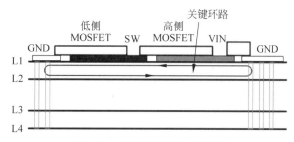

图 5.14 垂直的关键电流环路

如果控制芯片集成了 MOSFET 驱动器,则应将芯片布局在尽可能靠近功率 MOSFET 的位置。从芯片的驱动输出引脚到 MOSFET 栅极的 PCB 走线要尽可能短且直接,以最大限度地减少寄生电感。

在 PCB 布线时实现短而直的栅极到驱动端口的走线,通常会因大功率 MOSFET 的布局而变得复杂,大电流的 MOSFET 管体积大、引脚多,为了散热需求,焊盘和过孔所占的面积也不小,特别是两个以上 MOSFET 的场合,例如 4 个 MOSFET 的降压升压电路、多相降压升压电路和全桥转换电路等。芯片周围通常也会有一些其他的外围元件、PCB 连线和过通孔,这也增加了布局的难度,这是复杂的 DC-DC 转换器电路一般采用四层以上多层 PCB 的原因。

在多层板布局中,将芯片放置在 PCB 上 MOSFET 元件相对的另一面上。例如底层,比较有利于布线,有助于提高栅极驱动电路的性能,方便将敏感的模拟电路和走线远离大电流的功率开关器件,以免受到干扰噪声和高温的影响。

4. 输入电容

对于 DC-DC 电源转换器电路的输入电容,选择使用封装合适的陶瓷电容器(MLCC),将它们尽可能靠近 MOSFET 的漏极和源极,最大限度地减少环路电感。良好的布局和元件封装选择可以最大限度地减少开关节点振铃,获得更好的 EMC 性能。

在电源电路中,MLCC 很受欢迎,这是因为 MLCC 电容的一系列优点适合处理高频脉动大电流。

(1) MLCC 电容是多层介质叠加的结构,等效串联电感和等效串联电阻都非常低。

(2) 无极性,可以用在有非常高纹波的电路或交流电路中。

(3) 击穿时不燃烧爆炸,相比钽电容安全性能高。

陶瓷电容的等效串联电感与其封装尺寸密切相关,几乎与封装的长度成正比。例如两种不同封装尺寸的 MLCC 电容器,0201 封装的电容 ESL 为 239pH,0603 封装的电容器 ESL 为 494pH。即使这些电容器的 ESL 低于 1nH,也可能会使 BUCK 降压电源转换器产生振铃。

必要时可并联多个 MLCC 电容作为输入电容和输出电容,以获得更低的等效串联电阻和等效串联电感。在电容两端的焊盘附近可并排放置多个通孔连接电源和地平面,电流流向相反的过孔靠近放置,以获得最小的阻抗。

聚合物或铝电解电容器经常和陶瓷电容同时共用,但不能依靠它们来应对负载的瞬态电流和电感的纹波电流。因为这些电容器具有较高的等效串联电阻 ESR 和等效串联电感 ESL,限制了它们处理高频电流的能力。电解电容中的电流是低频电流,因此无须将它放置在非常靠近 MOSFET 的位置,反而要注意体积较大的电解电容阻挡散热气流,影响 MOSFET 的散热。

5. 电感

电感通常是体积较大的元件,布局上它应在电压输出一侧,靠近 MOSFET 或内部集成功率开关的芯片。电感发热也较多,注意通风散热。

电感在工作时,其持续变化电流产生的交变磁场会或多或少地泄漏出来,磁场环绕 PCB,影响面积大,很容易耦合到电路中的其他元件或电缆中,也会辐射到电路板以外的地方。电感下方的铜箔受磁场影响,就会有涡流出现。这个涡流产生了与电感磁场反向的电磁场,抵消了一部分电感泄漏的磁场,所以结果是铜箔把泄漏的磁场挡住了,防止了泄漏的电磁波对电路其他部分的干扰,但在一定程度上降低了线圈的有效电感(小于 5%)。

DC-DC 电路中常用的电感元件类型,以贴片电感为例,一般有三种,如图 5.15 所示。

第一种工字型的电感,因为磁路闭合,磁场泄漏较多。第二种半封闭磁路的电感,磁场

图 5.15　三种常见的贴片电感

泄漏相对要少一些。磁场泄漏最少的是第三种铁氧体磁屏蔽的类型,因为它的磁路是完整闭合的。

图 5.16 是三种类型的电感,泄漏磁场强度分布的比较。第一列是工字形电感,第二列是半封闭电感,第三列是全封闭电感。

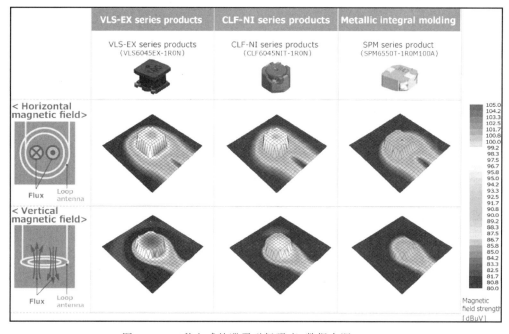

图 5.16　三种电感的泄露磁场强度(数据来源:TDK)

图中第一行是水平方向的电磁泄漏,第二行是垂直方向的电磁泄漏。颜色深浅代表磁场强度高低。

可见完全磁屏蔽的电感泄漏的磁场最小。所以如果磁场允许的话,最好采用这种磁屏蔽的电感。

PCB 设计中,电感下方任何一层都不应该走线,而应该铺铜成为地平面,最多也只是线宽较大的电感自身的引出线。敏感电路信号线更是要远离电感。

使用泄漏较小的磁屏蔽电感时,下方的铜箔应该保留,并与地连通,以屏蔽电感泄漏的电磁波,避免辐射到电路其他部分,或电路外部。

泄漏较大的电感,其涡流会比较大,这时候可考虑挖空下方的铜箔,但最好只能挖一层,保留其他层的接地铜箔,一方面屏蔽电磁波,另一方面维持地的完整性。挖空的铜箔必须有开口,不能形成环路,以免成为辐射高频电磁波的天线。

对于输出多路的开关电源尽量使相邻的电感相对垂直放置,以免电感之间相互耦合。

6. 敏感电路

DC-DC 电源转换器电路中的电流和电压检测电路是对外界干扰最敏感的部分,原则上一是要保证电压和电流采样的准确性,为控制器提供即时的、准确的电压和电流信息;二是要防止电源中的高频电流和寄生振荡产生的噪声干扰采样电路。

电流采样电阻、电压采样分压电阻靠近电压输出端。从采样电阻到控制芯片检测输入的 PCB 走线,放置在远离大电流环路的最底层,走线和过孔不要与其他走线相邻,并与周边的接地铜箔保持一定的间隙。采样信号的低通滤波电路元件尽可能靠近控制芯片。

5.2.4　地平面处理

DC-DC 电源中地平面处理的一个基本原则是单点接地。具体指的是信号地 AGND 和功率电源地 PGND 隔离布线,并在控制芯片处或其他地方单点接地相连,避免形成地线环路。功率地 PGND 与 MOSFET 相连,有比较大的开关噪声,需要尽量避免对敏感信号造成干扰,如 FB 反馈引脚。

PGND 不像 PCB 其他位置直接连接到 GND,而是只连接到芯片下方的散热焊盘,经过 PCB 上的散热焊盘过孔连接到内层的地平面。这样做的目的是将高频电流限制在高功率的元件一侧,将噪声与 PCB 其他地方隔开。当然在整个 PCB 叠层中,至少要有一层应为完整的地平面,以保证低阻抗的参考平面。

控制芯片的外围电路例如补偿网络、反馈电阻器、频率设定电阻器、软启动电容器和电流检测滤波器等电路,元件靠近各自的芯片引脚,模拟接地与控制芯片的 AGND 引脚相连。

对于高密度的 PCB 布线,要特别注意尽量少用直通过孔,尤其是在大电流传导的铜箔走线上,避免 PCB 内的地平面铜箔被大量的过孔穿透,破坏地平面的完整性,从而增加直流电阻,影响散热和电磁干扰等性能。与本书 3.4 节中关于信号回流路径的分析一致,如果信号的回流路径被地平面的间隙打断而造成不连续的回流路径,将使回路的阻抗升高,引起共模噪声干扰和电磁辐射。保证地平面的完整性对 DC-DC 电源的 PCB 设计同样重要。

所有的电容器都只能在一定的频率范围内发挥去耦作用,实现 DC-DC 电源的宽频低阻抗,还需要借助 PCB 电源和地平面的板级电容(详见 3.10 节电源分配网络)。即在PGND 平面上方或下方铺设输入和输出电源平面铜箔,而在 PCB 的内层尽可能多地设置地平面层来实现较大的耦合电容。

5.3　USB 电路

通用串行总线(USB)是连接计算机系统与外部设备的一种串口总线标准,也是一种输入输出接口的技术规范,被广泛地应用于个人计算机、手机、移动设备等产品。目前广泛使用的是 USB 2.0,最新一代是 USB 3.1,USB 4.0 标准也在起草当中,传输速度为 40Gb/s,最大供电功率 100W。USB 连接器硬件标准有 Type A、Type B、Type AB,还有 Micro USB 和 Mini USB 之分,稍显混乱。

新型 Type-C 接口引人注目,应用最广。它集充电、显示、数据传输等功能于一身,拓展了 USB 接口功能。Type-C 接口最大的特点是支持正反两个方向的插入,解决了 USB 总是插不对的难题。而且支持高达 100W 的大功率双向传输,满足了移动设备充电的便利性需求。

5.3.1　USB PCB 布线要求

USB 2.0 控制器系统时钟的工作频率最高可到 60MHz,最高传输率可达 480Mb/s,是 USB 1.1 的 12Mb/s 传输率的 20 倍,信号带宽达到了 1.2GHz(见 4.2.3 节)。USB 3.0 和 USB 3.1 是全双工的数据传输,传输速率更进一步,最高达到了 5Gb/s 和 10Gb/s(SuperSpeed 和 SuperSpeed＋模式)。

如此之高的时钟频率和数据传输率,使 USB 电路成为大多数数字电路干扰的主要来源,与 USB 插座相连的外接电缆可能成为辐射干扰的天线,向外界辐射干扰电磁波。USB 的差分信号在高速数据传输时,信号摆幅相对较小,只有 400mV×(1±10％),因此任何差分噪声都可能会影响信号传输。

1. USB 连接器

USB 连接器的封装形式比较多,包括 USB A 型、USB B 型、USB C 型,还有 Micro 和 Mini 两类。如图 5.17 所示,目前最常见、应用最多的当属 USB A 型和 USB C 型,后者就是我们常说的 Type-C。

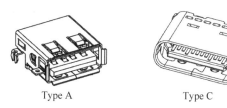

图 5.17　Type A 和 Type C 型 USB 插座

USB 2.0 连接器有四个引脚,其定义为:
(1) 电源 VBUS。
(2) Data＋(DP)。
(3) Data－(DM)。
(4) 地 GND。
图 5.18 是 Type-A 接口的示意图。

USB 3.0 突破了 2.0 的半双工模式,通过引入 5 条信号引脚实现了双向 5Gb/s 数据传输。新增的五个信号引脚分别是 SSTX＋/SSTX－/SSRX＋/SSRX－/GND_DRAIN,新增的信号引脚组成两组 8b/10b 编码的高速差分线对,新增一条信号地来提升抗干扰能力。USB 3.0 A 型接口通过特殊设计实现向下兼容的 USB 2.0。

图 5.19 是 USB 3.0 Type-C 接口示意图。

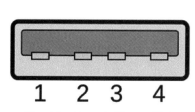

图 5.18　Type A 型 USB 插座

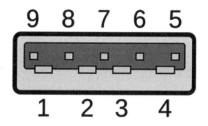

图 5.19　Type C 型 USB 插座

值得一提的是 Type C 连接器,由于支持正反插,兼容 USB 3.0 和 USB 2.0 协议,是目前应用最广泛的接口形式。

图 5.20 和图 5.21 分别是 Type C 的连接器插座和插头的引脚定义。引脚的排列中心对称,处于中心位置的 D－、D＋实现对 USB 2.0 的兼容。新增加的信号引脚分布两侧。特别是引脚排列上下对称,无论以什么方向接入,引脚都可以完美对接。

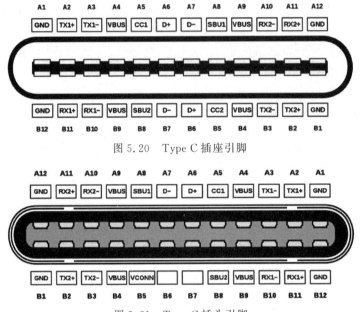

图 5.20　Type C 插座引脚

图 5.21　Type C 插头引脚

全功能 24P Type C 接插件价格较高,在实际应用中,Type C 接口为了适应不同的用途,节约成本而衍生出几个版本。例如:

(1) 24 引脚的全功能 Type C,兼容 USB 3.0/3.1、USB 2.0 和视频传输。

(2) 16 引脚和 12 引脚的 Type C,仅支持 USB 2.0。

(3) 6 引脚的 Type C,仅用于充电。

2. 高速差分信号的布线要求

在设计 USB PCB 时,需要重点关注的重要信号走线和电源线如下。

- USB 2.0 的一对差分数据线 DP 和 DM,USB 3.0 的四对差分数据线对 SSTX1＋和 SSTX1－、SSRX1＋和 SSRX1－、SSTX2＋和 SSTX2－、SSRX2＋和 SSRX2－。
- USB 口的电源线 VBUS 和地线 GND。
- 连接 USB 插座的电缆。
- USB 接口控制芯片时钟信号,以及外部晶体振荡器。

在 USB 2.0 标准中,要求差分数据线 D＋和 D－的单端阻抗为 $45\Omega\pm10\%$,差分阻抗为 $90\Omega\pm10\%$,差分线对两条线的长度差小于 50mil。USB 电缆最大长度为 5m,但在 PCB 上数据走线不宜超过 15cm。

USB 3.0/3.1 标准,同样要求差分数据线对的差分阻抗为 $75\sim105\Omega$,一般都按 $90\Omega\pm15\%$ 设计,差分线对的两条线长度差小于 2mil。发送差分对(TX＋和 TX－)的长度不必与接收差分对(RX＋和 RX－)相同。电缆最大长度 3m,但 PCB 上数据走线不宜超过 10cm。

USB 高速信号线、相关的电源和地线的 PCB 布线,尤其是它的差分数据线,必须遵循相应的布线规则,确保差分数据线长度最短、等长、阻抗连续一致,才能达到高速数字信号传输的要求。

5.3.2　多层 PCB 叠层

USB 属于高速数据传输电路,要达到较好的性能和符合 EMC 电磁兼容标准,应尽可能地使用四层以上的多层 PCB 来进行布线。

四层 PCB 较好的一个叠层方案是 S-G-P-S,即从顶层到底层的走线层分别为信号层、地平面层、电源平面层、信号层,PCB 表层的两个信号层由地平面和电源平面层隔开(详见3.3.5 节)。

大部分信号线应在顶层布线,紧相邻的是第二层的地平面,布线中应确保地平面的完整性,不要任意切割。信号走线应避免穿过地平面层或电源平面层。如果不可避免地要穿过分割平面,则必须使用足够的接地过孔防止回流路径中断。

5.3.3　阻抗设计

高速信号走线需要根据传输线阻抗要求设计走线的类型和几何尺寸,例如,微带线还是带状线或者共面波导线、线宽、间距等。USB 的差分数据线对,需要考虑两种特征阻抗:单端阻抗和差分阻抗。

EDA 软件附带有工具可用于计算走线的阻抗,PCB 设计人员可以使用它来计算阻抗和设计走线。PCB 制造厂商和网上也有很多可用的工具。

传输线的特征阻抗,受走线的几何形状、PCB 材料的介电常数和厚度以及走线在哪一层等因素影响,为使设计不受 PCB 制造误差和缺陷的影响,应尽量使 PCB 走线的阻抗接近设计值。有条件可以进行仿真或制作实验 PCB 进行测试评估。

下面举例说明如何进行阻抗计算设计。

假设拟在四层 PCB 的顶层(L1)进行差分数据走线,第二层(L2)为参考层,如图 5.22所示。

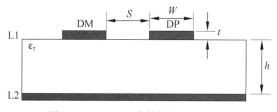

图 5.22　USB 差分数据线 PCB 走线

四层 PCB 板材数据如下:

(1) 顶层(L1)铜厚 $t=1.38\text{mil}$。

(2) PP 介质厚度 $h=8.28\text{mil}$,介电常数 ε_r 为 4.6。

用计算工具 Polar Si9000 计算结果如图 5.23 所示。

走线设计参数为:宽度 $W=12.65\text{mil}$,间距 $S=8\text{mil}$。

为保证 PCB 生产后走线的特征阻抗符合设计目标,布线时应注意如下。

(1) 设计中的 PCB 板材参数要与生产厂商沟通确定,与实际使用材料保持一致。生产厂商有可能根据实际生产工艺状况对线宽间距予以调整。

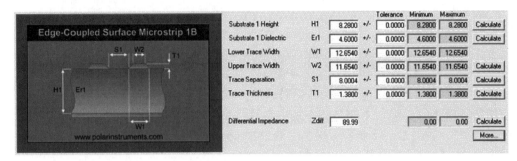

图 5.23 PCB 走线计算

（2）保持 USB 差分信号线之间的平行走线，间距始终符合 8mil 的设计参数。通常情况下，走线需要绕开 PCB 上的其他元件焊盘或过孔，导致走线间距和长度有所偏差。走线上的元件焊盘和连接器引脚也会使阻抗有所偏差。要确保这些偏差值保持在最低水平。

（3）尽量缩短走线的总长度，差分线对的两条线之间的长度差在 20mil（USB 2.0）和 2mil（USB 3.0/3.1）以内。

（4）为减小信号串扰，USB 差分线对与其他差分线对之间的中心间距必须大于 5 倍线宽（5W）。设计线宽为 12mil 时，差分对之间的中心间距至少为 60mil。差分线对与其他信号走线之间的中心间距要大于 3 倍线宽（3W 原则），即大于 39mil。差分线对与其他高速时钟信号线，间距大于 5W 以上，即大于 60mil。

5.3.4 布线和布局

PCB 元件布局要围绕 USB 插座和控制芯片、USB 数据线进行。插座的位置按 PCB 接口的机械设计要求放置在相应的地方，通常都在电路板边缘。平卧的插座要伸出板边一定长度，方便 USB 线插拔。

USB 控制芯片或单片机，在兼顾其他部分电路的基础上，靠近 USB 插座放置，使它们之间的数据走线长度较短，且周围没有其他高速器件和走线。USB 接口的 EMI 滤波、共模扼流圈、ESD 保护元件、电源滤波等元器件要靠近插座放置，一般放置的顺序是 ESD 保护器件在最靠近 USB 插座引脚的位置，随后是共模电感和上拉下拉电阻等。

USB 插座以及差分对数据走线与其他高速数据接口如 GPIO 连接器、以太网口、电源插座等，保持尽可能大的距离，以免高速信号串扰和通过连接电缆向外传导和辐射。

布线的要点主要是差分数据线的布线，一般来说只需遵循以下经验规则，就能取得很好的效果。

（1）高速差分线对要对称地平行布线，如图 5.24 所示。在从芯片的焊盘引出、连接到 USB 插座引脚的过程中，不可避免会出现偏离对称要求的情况。这些不对称的走线部分要尽可能短。

（2）使用最少的过孔（不超过 2 对）和拐角来布线，如图 5.25 所示。这样可以减小数据传输线的阻抗变化，从而减

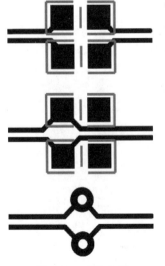

图 5.24 对称走线

少信号反射和高速数据传输的误码率。

图 5.25　过孔与拐角

（3）对于 USB 3.0 中的三对差分数据线（SSTX±/SSRX±/D±），为了减少差分线对的串扰问题，SSTX±/SSRX± 和 D± 对之间，信号走线的布线不应相互交叉重叠，间距保持 5W 以上。三对差分线对如图 5.26 所示。三对差分数据线尽可能在同一个有相邻地平面的信号层中。

（4）避免 90°或锐角转弯，最大限度地减少阻抗的不连续性。

（5）不要在晶体振荡器、时钟线、电感、变压器、高速数字芯片等元器件的下方走线。

（6）差分信号的走线距离参考平面边缘≥90mils，因为 PCB 边缘干扰较大，对外辐射也大。

（7）信号走线上不要留无用的线头或桩线，以免信号反射影响信号质量。使用通孔插座（如 USB A 型插座）时，信号线应在 PCB 底层与插座引脚连接而不是在顶层连接，以免插座引脚和通孔在传输路径中成为桩线，如图 5.27 所示。对于 USB Micro-B、Type-C 等贴装插座，则应在顶层进行信号线连接，以免使用过多的过孔。

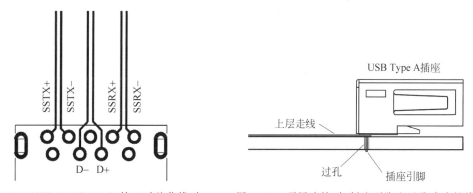

图 5.26　USB 3.0 Type A 的三对差分线对　　　图 5.27　顶层连接时，插座引脚和过孔成为桩线

（8）信号线的下方要有连续的、完整的地平面，以保证信号的回流路径阻抗最低。不应穿过地平面上切割的缝隙走线，如果无法避免，则要添加铜箔或放置电容以确保回流路径的连续性。尽量以地平面作为参考平面来设计回流路径，不建议使用电源平面作为参考平面（关于回流路径，详见 3.5.2 节）。

（9）在规划 PCB 的电源和地平面时，应确保各个参考平面不会重叠，因为在重叠区域会产生不必要的电容耦合引起串扰。

（10）避免在不同参考平面之间布线，这会导致阻抗不连续问题和 EMI 辐射问题。如果无法避免在不同参考平面之间布线，则应放置过孔或电容器为返回电流提供通路。

（11）如果 USB 接口芯片需串联端接电阻或上拉电阻，将这些电阻尽可能靠近芯片放置。

5.3.5　长度匹配

差分数据线要求相等长度，如果长度相差太大，数据信号时序会发生偏移，引起共模噪声，降低信号质量，导致数据传输率下降。在布线过程中，由于元件引脚、过孔、走线路径障碍等原因，要保持两条数据长度完全一致比较困难。当走线布通后，要检查两条线的长度差是否在设计要求的范围内。不等长时应添加如图 5.28 中的蛇形线调整长度，使长度差尽可能得小。

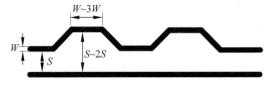

图 5.28　蛇形线长度匹配

值得注意的是，用蛇形线进行差分线对长度匹配时，差分线对的间距发生了变化，必然会使差分阻抗发生变化，尤其是间距 S 较小的时候。阻抗变化会带来两个不利影响：一是阻抗不连续使信号发生反射，二是差分线不对称引起差分信号产生共模分量（噪声）。因此做长度调整应该尽可能地减小阻抗变化产生的影响，蛇形线的尺寸控制在图 5.28 中所示的范围内比较合理。

5.3.6　电源

USB 2.0 的电源输出规格为 500mA，USB 3.0 标准扩大到 900mA。电源走线线宽大于 20mil 即可满足通流要求。插座的 VBUS 引脚应放置去耦电容和铁氧体磁珠进行滤波，减小电源上的噪声干扰。USB 插口的地引脚在数据传输期间担任回流路径的角色，也要注意与 PCB 地平面进行良好的连接，可放置多个过孔，满足连接的低阻抗要求。

Type-C 插座的一个常见的重要应用是充电设备，例如手机、充电宝等。这类应用中插座的电源线上的电流特别大，达到几 A（Type-C 接口最大的载流为 5A），PCB 设计时对电源和地引脚要特别处理，使电源走线的通流量满足要求，0.5oz 的铜箔宽度至少 125mil 才能达到 5A。电源和地从插座引脚引出后，尽快放置足够的过孔连接到电源平面和地平面。

PCB 上的开关电源是一个强干扰源，可能会对 USB 造成干扰，因此要让开关电源远离 USB 差分线对和 USB 控制芯片等电路。

5.3.7　EMC/ESD 措施

USB 接口的高速数据信号带宽达到数 GHz，很容易通过 USB 插座和电缆对外辐射高频电磁波。又由于 USB 的热插拔功能，容易受到瞬态电压和静电放电冲击。因此 PCB 设计时需要着重考虑接口的 EMC 和 ESD 措施，在电路原理图的基础上，设计布局好 EMC 和 ESD 的防护元器件，使产品能够满足电磁兼容标准，提升产品的可靠性。

为了减小 USB 插头和电缆带来的 EMI 风险，USB 插座外壳引脚应在 PCB 上与机箱地（保护地）相连。机箱地与 PCB 的地参考平面（信号地）保持 2mm 的距离，两者在一点以磁珠或电容（1000pF，2kV）连接，为 ESD 静电放电提供通路，如图 5.29 所示。

这样做的目的是使 EMI 干扰或 ESD 放电电流在进入 USB 插座之前，直接短路到金属

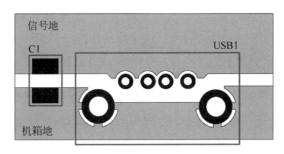

图 5.29　机箱地与信号地连接

外壳,进入设备机箱的地线系统,防止干扰噪声进入。

USB 插座的引脚 1 和引脚 4(VBUS 电源和 GND)应尽快连接到电源平面和地平面,引脚 1 与电源 VBUS 的去耦电容之间串联一个铁氧体磁珠,一般取值为 $600\Omega/100\text{MHz}/2\text{A}$,以防止 EMI 通过电源线进入 PCB。USB 接口电路如图 5.30 所示。

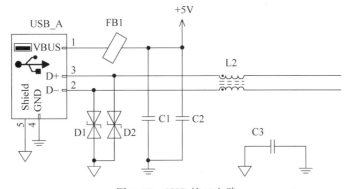

图 5.30　USB 接口电路

差分数据线上可以放置一个共模扼流圈,典型值取 $90\Omega/100\text{MHz}/370\text{mA}$,用于消除共模干扰。注意共模线圈下方不能走信号线,以免受到干扰。

为了保护 USB 接口不受静电高压破坏,防止在热拔插过程中产生的电流尖峰损坏电路元件,可在数据线、电源和外壳地之间放置反向关断电压为 5V 的 TVS,能快速泄放静电,钳位高压脉冲,有助于在 USB 接口受到电压冲激时保护电路器件。

EMC 防护器件要尽可能地靠近 USB 插座,引线尽量短时电感最小,保证防护器件能正常进行防护动作。但在 USB 数据线上放置 ESD 元件可能会影响信号质量,不宜过多使用。

5.4　ADC/DAC 电路

ADC 电路是典型的混合信号电路,其最重要的注意事项是将数字电路和模拟电路分开隔离,因为小信号的模拟信号很容易受到数字信号的干扰,而数字信号往往是一个幅度大、频带宽的强干扰源。

模数转换器电路,尤其是高速、高精度的模数转换器电路,它们的成功 PCB 设计涉及很多措施和方法,采用哪种方式来进行布局和布线,取决于很多因素,例如具体电路的元器件数量、器件类型、设计指标,以及最终产品的使用环境。一个成功设计方案在另一种环境中可能是不合适的。

本节将探讨一些最基本的、指导性的经验规则。在实际使用过程中,要注意对具体问题进行了解、分析,结合理论知识,灵活运用,而不应因为一两条经验规则而墨守成规。但是遵循一些普遍成立的经验规则,将会减少在高速 ADC PCB 设计过程中遇到的麻烦。

5.4.1　电路布局

数模转换器电路的元件布局至关重要,因为 ADC 电路集中处理两种类型的信号:数字和模拟信号。其中模拟部分是对噪声敏感的电路,而数字信号包括高速时钟信号和数据传输信号,它们是麻烦的制造者。

因此把模拟和数字两部分电路分隔开,是一个首要任务。例如将电路分为数字电路、模拟电路和混合信号电路等三个功能模块。

下一步是对这些功能模块在 PCB 上安排布局。原则上使模拟电路远离数字电路,两者在水平或垂直距离上相对最远,以确保数字电路噪声不会耦合到模拟信号路径中。

电路的混合信号部分,通常就是 A/D 转换器本身,因为模拟信号是它的输入,转换后数据的数字信号是它的输出。

A/D 转换器的布局方式要考虑 A/D 转换器具体的技术类型。对于逐次逼近型(SAR)数模转换器,可将整个器件连接到模拟电源和模拟地平面,可使用一个数字缓冲芯片将模拟和数字两部分隔离开来,如图 5.31 所示。因为数字地和电源平面的噪声可能造成问题,让逐次逼近型转换器横跨模拟和数字地平面是一种不太合适的布局方法。

对于 Δ-Σ 型的数模转换器,因为它主要是个数字芯片,所以应让转换器横跨模拟和数字地,如图 5.32 所示。

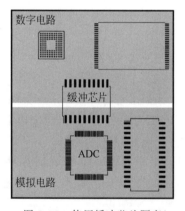

图 5.31　使用缓冲芯片隔离

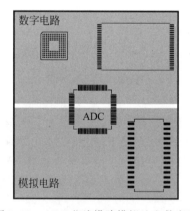

图 5.32　ADC 芯片横跨模拟地和数字地

ADC 芯片和其他对噪声敏感的元器件远离 PCB 的边缘,因为 PCB 边缘的电磁干扰较大,电流在参考平面上的扩散电感也比较大,地弹噪声幅度高。在 PCB 参考平面边缘接地的去耦电容,其效果远不如在平面中间接地的。

5.4.2　地和电源平面

确定了主要器件的位置后的第二步是确定地和电源平面的布局。

采用有多个地平面和电源平面的多层 PCB,对提高信号完整性是非常有帮助的。在成本允许的条件下,应该尽量采用多层 PCB。

　　关于地平面分割的问题,在3.5.5节已经论述过了。在这里需要再次强调的是,在任何模拟或混合信号电路中,一个低阻抗、大面积的地平面是必需的,地平面的安排是设计工作的重中之重。地上的噪声比电源噪声更加棘手、更加难处理,因为信号要以地的电位作为参考电压,地上的噪声对信号影响最大,特别是幅度小的模拟信号,如传感器输出的微弱信号。

　　首先确认是采用一个完整地平面还是切割的多个地平面,这取决于具体的电路形式和设计要求。如果电路的数字电路元件数量较少,高频数字信号和大电流走线也不多,那么单一的地平面可能是合适的。这时候重点要防止电源线上的噪声干扰模拟电路或者耦合到其他信号路径中。PCB使用一个统一的地平面是最理想的,但这一目标并非总能实现。

　　如果需要设置多个分割的地平面,则采用分割地平面的方案,注意它们最后需要单点接地。这个“点”可以设计为一个远离噪声、去耦良好的接地平面作为基准,将所有其他地平面通过单一路径与这个基准地平面连接。例如四层电路板中,一个方案就是顶层和底层用于布信号;内两层用于接地,一层地平面分割,一层地保持完整并作为基准地平面。

　　电源平面的重要性仅次于地平面,在成本允许的条件下,尽量采用电源平面,可以解决很多电源完整性的问题。成本敏感的情况下,只要保持电源走线宽度足够,且与地平面紧密耦合,正确地放置去耦电容,也可以有效降低电源噪声。

　　如果切割了地平面,设计工作的重点就在于信号回流路径上。电流回流路径应该设计在大面积的接地铜箔上,回流电流才能沿着阻抗最小的路径流动而不受阻碍。尤其注意不要跨过切割地平面的间隙走信号线。

　　信号走线的通孔、过孔如果密集地挤在一起,如图5.33所示,可能会使地平面产生一些铜箔断开的空白区域,破坏地平面的完整性,从而影响地平面的实际效果,所以要尽量减少这些断点。

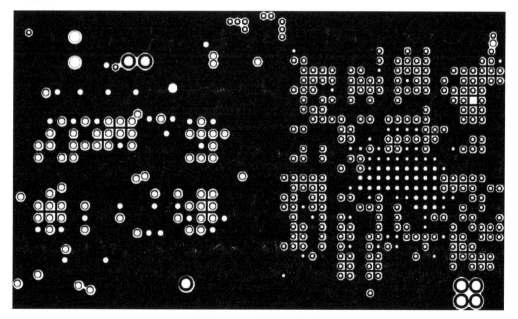

图5.33　地平面上的过孔

多层板中分割的电源平面不要重叠。任何重叠的铜箔都可以看作是平板电容器,在高频率下阻抗很低,容易耦合传导电源噪声。

5.4.3　ADC芯片外露焊盘(EPAD)

高速 ADC 芯片通常是无引脚的 QFN 封装或者 Power PAD 封装。它们的共同特点是芯片的底部有一个大的焊盘,如图 5.34 所示。这种封装的结构使集成电路内引线框架的硅片安装板(或散热板)暴露在芯片的底部,为芯片内部电路提供了一条低热阻的热传导路径,因此这个焊盘称为外露焊盘(Exposed Pad)。芯片的外露焊盘可直接焊接到 PCB 上的热沉焊盘(Thermal Landing)上,将 PCB 的导电铜箔用作散热器。

大部分芯片的外露焊盘在电路上是接地的,有些特殊的芯片也有不接地浮动的,甚至是接电源的。通常都是将这个焊盘接地。做法是将芯片所有的接地引脚和芯片底部的外露焊盘都连接到同一个地平面。芯片也依靠这个焊盘连接到地平面以实现低阻抗的地连接。因此使用多个过孔将芯片下方的接地热沉焊盘连接到 PCB 底层的地平面,这个芯片下方的接地平面应与其他噪声较高的数字地平面隔开。

另外为了达到良好的散热效果,外露焊盘要与 PCB 热沉焊盘形成紧密连接,降低热障以便快速散热。如有可能,在 PCB 各层都重复放置与顶层热沉焊盘相同形状的 PCB 铜箔,并用多个过孔将它们连接起来。PCB 底层也可放置热沉焊盘,用作 PCB 底部的散热区域,也可在这里安装散热器。

为了保证在回流焊接中芯片外露焊盘的焊接良好,要用阻焊层(Solder Mask)和锡膏层(Solder Paste)的方格图形,将 PCB 热沉焊盘分割为多个面积较小的部分,形成焊盘或锡膏阵列,如图 5.35 所示。这样做可以避免很多焊接问题,例如过多的焊锡流动使焊接芯片浮动、难以形成均匀的焊接点、高温中气体无法排出,导致焊接不可靠等。

图 5.34　ePad 封装

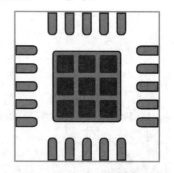

图 5.35　锡膏层阵列图形

PCB 上热沉焊盘的锡膏面积不应超过焊盘面积的 20%,且应远离焊盘边缘。

需要注意的是,在 PCB 制造中,尽可能地采用所谓盘中孔工艺,如图 5.36 所示。用环氧树脂或铜浆填充过孔后再镀铜覆盖,焊盘表面平整,看不到过孔,这样可以确保焊接时锡浆不会流到过孔中。

5.4.4　去耦电容

与大多数有源集成电路一样,运算放大器需要良好的电源去耦。一般建议在每个电源轨上都放置两个电容器:一个高频电容器(0.1μF)和一个较大的($2.2\sim6.8\mu$F)去耦电容

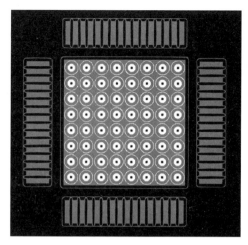

图 5.36　盘中孔

器。较小的电容靠近芯片电源引脚,较大的电容可以放在离器件稍远的地方。还可以在电源走线上添加第三个较小的电容器(如 10nF),这个额外的电容有助于减少二次谐波影响。

(1) 使用表面贴装的电容器,例如 MLCC 电容或贴片钽电容。

(2) 所有去耦电容都要尽可能靠近元件的电源引脚,最好与 ADC 芯片位于电路板的同一侧,电容接地端朝向 ADC 并与 ADC 芯片下方的地平面连接。

(3) 每个去耦电容都通过单独的过孔连接到电源。最佳的走线方式是电源连接去耦电容器后,再连接芯片的电源引脚。

(4) 如果必须在 PCB 底层放置去耦电容,则应在 ADC 接地平面的相邻层创建一个相邻的、紧密耦合的电源平面,电源与地平面的间距不超过 10mil,目的是使去耦电容连接电源平面的过孔长度最短,同时电源与地平面铜箔构成一个平板电容,有利于高频去耦。电源平面铜箔外形尺寸要覆盖芯片的引脚及周围,至少在电源过孔周围向外延伸 500mil 以上。这个电源平面不应与其他器件共用。

(5) 每个去耦电容的接地焊盘都应使用单独的过孔连接到地平面。

(6) 相邻的电源引脚直接连接会增加噪声耦合,应尽量避免这样做。

(7) 输出级的去耦电容应朝向负载接地以使回流路径最短。

5.4.5　布线

一般来说,信号走线包括数字信号和模拟信号,都应尽可能短。这一反复强调的基本经验规则,将最大限度地减少噪声耦合到信号路径中的机会。

模拟电路的输入阻抗通常很高,对噪声非常敏感。例如转换器的模拟输入端、调理电路运算放大器输入端,以及模数转换器的电压基准输入引脚。这些高阻抗输入的 PCB 走线,如果与高速信号走线(如数字信号或时钟信号)相邻,就会受到较大的容性耦合噪声的影响。布线时要注意保护这些敏感走线,警惕可能发生串扰的地方。

运算放大器输入端走线的下方挖空地平面和电源平面铜箔。这是因为运放输入端有很高的阻抗,寄生电容可能会将地和电源上的噪声耦合到输入端,挖空铜箔可避免走线与地或电源平面之间形成寄生电容。

除了敏感的模拟电路外,ADC电路信号走线遵循高速信号走线的一般经验规则。

很多高速精密 ADC 采用差分输入,以消除共模干扰。为了保证差分输入信号两条传输线的阻抗相同,差分信号的 PCB 走线以及相关的元器件,采取对称的布线方式,使两个信号路径上的走线长短和元件分布尽量对称。由于某些元器件例如芯片的封装不是镜像对称的,部分信号走线不能做到完全对称,这时候要对走线长度进行调整,保证在电气上的对称相等。

5.4.6 过孔

(1) 不要共用过孔。

信号走线之间不要使用同一个接地回流过孔,因为信号的返回电流之间会相互干扰。ADC 上的大部分引脚频率较高,对其他引脚信号具有攻击性,所以要小心处理每条信号线的回流路径。

(2) PCB 上铺设的保护性接地铜箔要每隔 50mil(或≤λ/10,λ 是最高信号频率的波长)放置过孔接地。

如果信号线是已知的潜在干扰源,则过孔的间距应更小。没有接地或接地不良的铜箔,可能成为加大串扰中介和发射电磁干扰的天线(详见 3.7.4 节)。

5.5 BGA 电路

5.5.1 BGA 封装特点

BGA 是球栅阵列封装(Ball Grid Array Package)的简称,是一种技术成熟的高密度芯片封装形式,具有更高的输入输出密度和更小的芯片尺寸,这种类型的封装用于表面贴装技术,如图 5.37 所示。BGA 是高速数字芯片如 CPU、微处理器、DSP、存储器、图形处理器、FPGA、WiFi 芯片等常见的封装形式。

图 5.37 BGA 封装

传统的 QFP 和 PLCC 元件的引脚分布在芯片的四周,引线间距一般为 1.27mm、1.0mm、0.8mm、0.65mm 或 0.5mm。随着 I/O 数量的增加,引脚间距变得越来越小,引脚也越来越细,不仅容易损坏变形,设备精度也难以满足组装的要求。

BGA 封装芯片引脚以圆形或柱状焊点按阵列形式分布在封装的下面,引脚数量多,但芯片底部面积相对侧面更大,引脚可以按阵列方式排列,因此间距反而比侧面引出脚的传统封装的间距更大,一般间距为 0.8mm、0.65mm 和 0.5mm。与其他芯片封装相比,BGA 封装提高了芯片的输入输出引脚数量,缩小的芯片面积和厚度尺寸,节省了 PCB 的布线空间。

BGA 封装没有传统意义上的芯片引脚,采用锡球焊接表面贴装,焊接牢固、产品合格率高。锡球阵列与芯片和 PCB 焊盘接触面积大,有更好的散热性能。信号传输路径短、引线电阻和寄生电感很小,输入输出引脚的共面性好,对提高信号完整性有利。

就 BGA 的封装技术而言,有两种方式将硅片(Die)连接到安装基板,一种是用键合线绑定焊线,一种是倒装芯片,如图 5.38 所示。

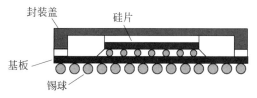

图 5.38　BGA 倒装芯片

基板可以看作是一块小的多层 PCB,内部有导线用于连接硅片和 BGA 封装的引出脚。基板的材料两类,分别是陶瓷基板和非陶瓷基板,基板材料的选择要满足信号完整性的要求,例如对于射频信号,会使用特殊的材料以确保基板不会降低信号质量。

BGA 组装采用回流焊接方式,焊球熔化时的表面张力使芯片保持在 PCB 上适当的位置,直到焊锡冷却固化。这种焊接过程中芯片自对准的特点,正是 BGA 的优点,正确地控制回流焊接温度曲线是保证良好的焊接、防止虚焊和短路的关键工艺要素。

BGA 封装的缺点是焊接后容易产生应力,导致基板和 PCB 弯曲变形,产生的潜在故障降低了可靠性。BGA 的引脚都在芯片下方,焊接在 PCB 上以后无法肉眼检查,难以发现故障并进行维修。通常采用 X 射线、CT 扫描设备等手段来进行检查,设备投入和运行费用都比较高。

与其他封装形式如 QFN 相比,BGA 封装成本相对比较高。

当然 BGA 封装的优势明显,大量的高速信号芯片都会长期使用这一封装形式。随着一些技术的进步,更先进、成本更低、性能更好的 BGA 封装也逐步出现,例如 WLCSP(Wafer Level Chip Scale Package,晶圆级芯片尺寸封装)和 eWLB(embedded Wafer Level BGA,嵌入式晶圆级 BGA)。

5.5.2　BGA 布线的实用经验规则

为了使 BGA 电路的 PCB 设计顺利完成并达到设计目标要求,最好首先对电路的信号走线、电源、地等要求作一些初步了解,并考虑一些全局性的设计细节,例如 BGA 有多少引脚,其中有多少信号线和电源、地引脚,大概需要多少个信号层来设计布线,有哪些需要控制阻抗的高速传输线,关键的多层 PCB 制造工艺参数例如最小线宽和间距、最小的过孔尺寸,是否可以使用盲孔和埋孔等技术细节。

在开始元件布局时,要确保给信号走线留出足够的布线空间,关键的元件、重要的信号线等是重点照顾对象。例如关键器件之间距离要合适,既有足够的空间走线又避免信号走线过长。BGA 芯片的信号引脚需要大量的过孔和走线来扇出走线,芯片周围和 PCB 底部要留出空间摆放数量不少的去耦电容,这也是布局中需要考虑的问题。

BGA 芯片的布线设计中,扇出、焊盘和过孔是三个重要的关键技术。扇出是从 BGA 器件的焊盘引出走线,焊盘则是放置焊球进行焊接的地方。在细小间距的 BGA 中扇出所有信号和电源进行布线,少不了过孔的运用。这三个部分是 BGA 电路 PCB 设计最关键,也是最困难的地方。

1. 焊盘

在 PCB 上 BGA 下方的铜箔面积与芯片相同。在一个狭小的空间里要放下数量较多的焊盘排列成阵列,在焊盘与焊盘之间还要尽量留下走线空间,因此焊盘的几何尺寸至关重要,太大了就没有多少走线空间,太小则 PCB 加工、BGA 焊接都很困难,甚至无法实现。比焊盘直径更重要的是焊盘各部分尺寸之间的比例。

PCB 上的圆形焊盘,可以分为阻焊层定义焊盘(SMD)和非阻焊层定义焊盘(Non Solder Mask Defined,NSMD),如图 5.39 所示。阻焊定义焊盘,焊盘铜箔的尺寸大于所需的焊盘面积,焊盘露出的开口大小由阻焊层的开口确定。这种焊盘尺寸控制更严格,铜箔与绝缘层粘合更好,缺点是,焊盘实际尺寸有点大,影响了布线密度。而非阻焊层定义(NSMD)焊盘,焊盘铜箔在阻焊层开口区域的内部。虽然尺寸控制依赖于铜箔蚀刻,不如 SMD 方法精确,但锡球可以更容易抓住焊盘的顶部和侧面,因而更加牢固。

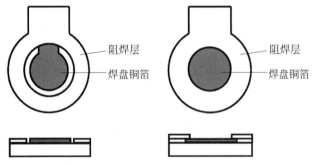

图 5.39　NSMD 与 SMD 焊盘

芯片厂商大多数推荐的非阻焊层定义的焊盘,因为这种焊盘能提供更稳固的锡球焊接。

对于不同引脚间距的 BGA 封装,最佳的 PCB 焊盘(NSMD)尺寸如表 5.1 所示。

表 5.1　BGA 引脚间距与最佳的 NSMD 焊盘尺寸

BGA 引脚间距/mm	NSMD 焊盘尺寸	
	阻焊开口直径/mm	焊盘直径/mm
0.40	0.300	0.225
0.50	0.400	0.300
0.65	0.450	0.350
0.80	0.500	0.400
1.00	0.550	0.450

2. PCB 叠层

在开始 PCB 布局设计时必须考虑多种因素,以平衡满足不同的要求,首先是电路板的叠层方案。

以六层 PCB 为例,其叠层方案采用 4 个信号层和一对电源和地平面层。这种针对 BGA 封装优化后的布局方案,需要仔细布局元件,并使用一部分信号层来布置 BGA 所需的电源平面。高速信号线的阻抗受控走线、布线在与参考地平面相邻的信号层,其他信号线可以用电源平面作为参考平面。

六层 PCB 的布线密度很高,走线宽度取决于 BGA 的间距,即两个相邻焊球之间的距离,以及 PCB 制造工艺限制。这个距离随着封装引脚的增加和芯片尺寸的缩小变得很小,增加了扇出布线的难度,可能需要更多的 PCB 信号层来布线。增加布线层可简化布线过程,元件可以布置得更紧密,从而缩小 PCB 的面积,改善电源分配网络和信号完整性。PCB 所需的信号层数可以用这个经验公式估算:

PCB 信号层数＝BGA 引脚总数/BGA 四面可布线数量

不能为了节省成本而减少 PCB 层数或违反布线设计的规则。应充分考虑 BGA 芯片电路的所有设计指标要求,在设计的初级阶段就确定好能满足指标要求的叠层方案,有条件可进行仿真和反复试验来确定。

3. 走线宽度和间距

走线宽度应当尽量小,以换取布线空间。最小走线宽度和间距不应超过焊盘间距与直径差值的 1/3,例如间距 0.65mm,焊盘直径 0.35mm,最小的走线线宽取(0.65mm－0.35mm)/3＝0.1mm,如图 5.40 所示。

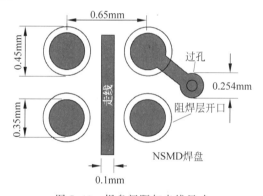

图 5.40 焊盘间距与走线尺寸

在上面的例子中可以看到,如果信号线必须用多层 PCB 来扇出,那么上面的 PCB 焊盘尺寸就有点紧张了,为了在焊盘之间放置过孔,折中的方案一般是采用 0.3mm 的焊盘。缩小的焊盘,足以使用 8mil 的过孔,同时满足 0.1mm(4mil)的间距要求。

BGA 封装电路的 PCB 设计面临的一个挑战是可用于信号扇出的空间小,尤其是间距更小的 nFBGA 封装,更具有挑战性。大多数 BGA 封装的焊球间距很小,而焊球阵列铺得很满。

因此需要采取一些高密度布线技术,最大限度地减少布线和 PCB 制造的难度。

4. 扇出布线

BGA 扇出布线从最简单的部分——外层引脚开始,在芯片所在同一层,用水平和垂直两个方向的走线将 BGA 四周最外侧的引脚直接引出。第二层则可以穿过引脚间隙引出,如图 5.41 所示。

第三层走线需要过孔来换到下一个信号层走线。最常见的方法是在焊盘间隙的中间

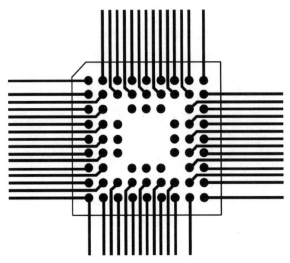

图 5.41 焊盘间距与走线尺寸

位置放置过孔,即过孔与周边的四个过孔距离相等。其中一个焊盘以 45°对角走线到过孔,然后在另一个信号层引出走线。

过孔的直径要保证与焊盘的间距满足要求。如果直径为 d 的焊盘间距为 p,对角线上两个焊盘的间距即为 $p\sqrt{2}$,焊盘边缘的距离则为 $p\sqrt{2}-d$,如果过孔焊盘直径为 D,那么过孔与焊盘的边缘距离为 $\dfrac{p\sqrt{2}-d-D}{2}$,按照 IPC 2 级可靠性要求,和 PCB 生产厂商的工艺参数,这个距离要大于 0.1mm(4mil)。

例如 BGA 焊盘直径 $d=0.3$mm,间距 $p=0.65$mm,则有 $\dfrac{0.65\times\sqrt{2}-0.35-D}{2}>0.1$,计算可得:$D<0.42$mm。最后选取过孔尺寸为焊盘直径 0.406mm(16mil),通孔直径 0.203mm(8mil)。扇出过孔尺寸计算如图 5.42 所示。

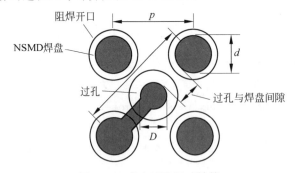

图 5.42 扇出过孔尺寸计算

这种焊盘与相邻过孔的扇出方式被称为"狗骨头"模式,这种方式可以扩展到其他 BGA 引脚。当然随着焊盘数量的增加,可能需要更多的信号层布置走线。一般来说,每增加两排 BGA 焊盘就需要一个新的布线层。BGA 的引脚有很多是电源和地引脚,它们可以直接连接到内层的电源或地平面,不需要扇出走线到其他地方。

5. 过孔

过孔密度是指特定 PCB 区域内的过孔数量,是高密度 PCB 设计的一个制约因素。使用较小的过孔可以减少 PCB 占用空间,增加过孔密度,从而提高 PCB 布线的可行性。

使用普通的直通过孔需要用在 PCB 上钻一个穿透所有层的孔。虽然这种方法成本最低,但缺点是通孔会穿过电路板,密集的过孔在 PCB 内层和底层平面上,一方面限制了走线通过,另一方面破坏了平面的完整性,对信号完整性有负面影响。

提高过孔密度的主要方法是使用微孔制成的盲孔和埋孔,它们连接 PCB 的表层和内层,或者只连接几个内层,如图 5.43 所示。微孔通常是用激光加工,击穿几层介质,连接信号层铜箔而形成,直径只有 $200\mu m$ 左右,深度几微米。根据 PCB 厂商的工艺数据,微孔尺寸最小可至 8mil,钻孔直径 4mil。

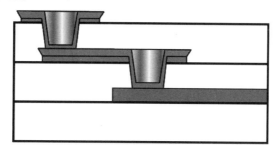

图 5.43　微孔

需要重点注意的是,BGA 下方的过孔必须用阻焊材料覆盖,否则焊接过程中焊锡会流入过孔,导致芯片偏移,影响焊接效果。

另外一种提高过孔密度的技术是盘中孔工艺,如图 5.44 所示,即把过孔放置在焊盘上,信号走线可直接通过焊盘上的过孔向下换层进行布线。盘中过孔需要用树脂或铜浆填充,磨平后镀铜,确保焊盘表面平整、可焊接性良好。

盘中孔有助于间距极小的 BGA 器件的布线。

例如 BGA 的焊盘为 0.3mm,中心间距为 0.4mm,水平和垂直方向上的焊盘边缘到边缘的距离为 0.1mm,对角上两个焊盘边缘的间距也只有 0.27mm。而 PCB 工艺中最小的过孔为 0.1～0.2mm,最小线宽为 0.1mm,最小的微孔直径也在 0.1mm 左右。可见在这么小的空间里,连最小激光微孔也放不下! PCB 走线也走不出来。

唯一可行的方案就是使用盘中孔。这种技术提供了更多布线空间而不违反设计规则。大多数情况下,可使用偏移焊盘来获得更多的布线空间,如图 5.45 所示。

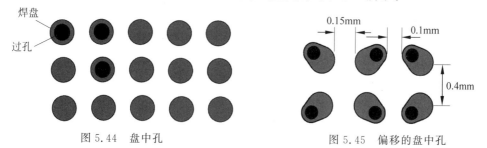

图 5.44　盘中孔　　　　　　　图 5.45　偏移的盘中孔

6. 电源和地平面

很多 BGA 芯片有多个电源和地引脚,尤其是支持多个高速数字接口的大型处理器,可能有很大一部分引脚专用于电源和接地。此外芯片可能需要多个电压电平,这意味着需要连接多个电源到 BGA 芯片。多层 PCB 中通常设置一个或两个电源平面层,并且将电源和地平面放在薄介电层隔开的相邻层上,以此通过提供高层间电容来帮助保持电源分配网络的完整性。

很多情况下,需要在同一个 BGA 封装的下方布线连接到电源平面、地平面层。多个电源轨连接到 BGA 电源引脚的走线,常常采用切割电源平面为多边形的方式,以获得较低的阻抗。

根据电路设计中每一路电源需要的电流大小,来决定每个电源多边形平面的宽度尺寸,一般 EDA 软件中都带有计算铜箔通流能力的工具。在常规情况下,1oz 厚、20mil 宽的铜箔能承载 1A 的电流;0.5oz、40mil 铜箔同样也能承载 1A 的电流。可根据这个经验参数,做出大致估计。

电源平面要尽量保持铜箔的完整性,例如要避免在 PCB 上密集地放置直通过孔,导致铜箔被过孔中断或使电流通过截面变得很窄,这样会破坏平面的完整性,使电源通道阻抗上升甚至完全中断。

电源平面分割间距不能太小,尽量保持在 20mil 左右。局部区域例如走线密集的 BGA 下方区域,可保持 10mil 距离的间隙。对于电源电压高的,这个间隙也要适度加大。

7. 让 EDA 软件完成扇出工作

专业的 PCB 设计软件可以在 BGA 封装的布线方面提供很多智能化的帮助。设计者只需要根据 BGA 封装类型和尺寸,设置扇出参数和相应的设计规则,例如选择需要扇出的引脚,设置走线宽度、间距、扇出方向、过孔类型(通孔还是盲孔或者盘中孔)和尺寸等参数,软件就可以自动完成 BGA 引脚的扇出走线。

EDA 软件通常包含有多种 BGA 的扇出布线策略,软件根据设定的规则自动完成扇出走线,使复杂烦琐的布线过程变得很轻松。EDA 软件的自动化可以帮助设计者节省大量的设计时间,尤其是引脚数量很多的 BGA 器件。软件中还可以为 BGA 设置在某些区域指定特殊的布线要求,为关键的布线区域指定保留区域(禁布区)等。

8. 与 PCB 制造厂商沟通

BGA 封装的 PCB 加工工艺复杂,设计和加工都是两个重要的步骤,缺少一个环节的严格把控,就有可能使设计失败。在设计阶段,除了在设计细节上精打细算,和 PCB 制造厂商和贴片组装工厂密切沟通,也是非常重要的工作。不同厂家的工艺能力和质量管控能力不同,生产成本不同。甚至批量生产的 PCB 与设计打样的 PCB,也会因为生产流程不同而出现差异。所以只有设计和生产双方密切配合,采用真实的、可制造的 PCB 材料和工艺参数进行设计,才能解决好生产中的瓶颈问题,以及设计与制造的矛盾,保证 PCB 设计工作的顺利完成。

5.6 单片机电路

与其他高速数字电路相比,大多数 8 位、16 位或 32 位单片机的 PCB 设计还是相对容易的。单片机的外部晶振一般在 8~24MHz,有的最高能到 40MHz。有的单片机 CPU 时钟通过 PLL 倍频得到,可以获得较高的核心运行频率。单片机的功耗很低,电流只有几毫安到十几毫安。很多8位单片机有较宽的工作电压,2～5V都能正常工作。因此大部分单片机和它的外围电路用双层PCB布线即可,成本优势突出。如果外围电路有较多的高速数字接口电路或存储芯片,或者EMC性能要求严格,可能需要更多层数的多层PCB。多层PCB可以使用完整的地平面和电源平面来减少噪声和EMI辐射,在元件布局和布线时有更多的空间和更大的灵活性。

单片机的PCB设计可以遵照本书介绍的PCB设计规则进行,以下是需要重点留意的几部分。

5.6.1　电源和去耦电容

虽然单片机的工作电流很低,但并非电源不重要。和所有的数字电路系统一样,大量的数字信号在时钟的驱动下同时切换电平,导致电源网络上产生很多时间非常短的电流尖峰,瞬态变化的电流可能高达数百毫安,甚至安培量级。由此产生的电源噪声和地弹噪声会沿着电源分配网络传导,从而影响所有的器件。要减小这些电源噪声对电路信号的影响和对外的EMI辐射,放置去耦电容是最重要的手段。

PCB上的电源电路例如DC-DC转换器电路,以及外界从220V交流电源输入端口传导到电源的瞬态电流和电压冲击,都会将噪声引入电源分配网络,影响电路的正常运行。电源分配网络上的去耦电容器有助于将噪声影响降至最低。

如图5.46所示的是常见的两种MCU电源电路,包括了典型的去耦电容(或旁路电容),以及数字电源和模拟电源的隔离方式。

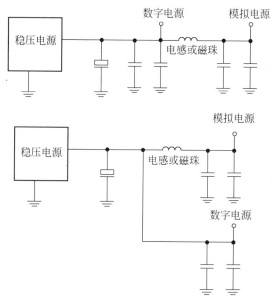

图5.46　数字电源和模拟电源隔离

常见的去耦电容错误是电容器放置离MCU的电源引脚太远,形成了一个较大的电流环路。大的电流环路有较高的寄生电感,容易产生更高幅度的噪声电压。噪声更容易传播到电路板上的其他设备,电路板的辐射也会进一步增加。整个地平面可能成为对外辐射噪声的天线。

正确的去耦电容放置方式应该是尽量靠近 MCU 的电源引脚,贴片电容应尽量与芯片放置在同一 PCB 表面,以免使用过多的过孔。电容两端以短而宽的 PCB 走线直接连接芯片的电源和地引脚,走线的寄生电感控制在 1.5nH 以下。注意不能随意将电容就近接地和电源,因为这样会使 MCU 的噪声电流流过电源或地平面,对其他信号回路造成影响。

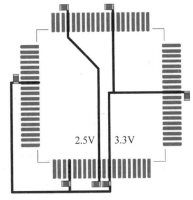

很多单片机芯片有多个电源电压或有几对电源和地引脚,注意每个电源和地引脚都要放置去耦电容,如图 5.47 所示。并选择等效串联电阻(ESR)较低的 MLCC 电容和钽电容作为电源的去耦电容,例如 47nF 或 100nF,X7R MLCC 电容。

在电源走线上串联铁氧体磁珠,与去耦电容配合可以进一步降低电源网络上的噪声,特别是对高频的同时开关噪声,有很大的衰减作用。例如在芯片电源输入端放置磁珠。

大多数单片机都有内置的模数转换器(ADC),并且有一个单独给它供电的模拟电源 AVcc,有的还有基准电压输入引脚。模数转换器和基准电压引脚都是对噪声敏感的模拟电路,必须单独供电和去耦,以确保这部分电路不受数字电路噪声的影响。如果无法进行单独供电,可以用磁珠将 ADC 的电源与其他部分电源线隔离。

图 5.47 多个电源的去耦电容

5.6.2 数字地和模拟地

关于数字地和模拟地是否要分割的问题,前几章已经做过详细分析。这里需要再强调的是,分割地平面的目的是试图将模拟信号的回流路径与噪声较大的数字信号回流路径隔离开来,防止模拟和数字信号共用地线而产生干扰。如果切割后地平面之间没有信号线往来,那么切割地平面是可取的,否则应该采用统一的、完整的地平面。因为切割的地平面使得跨区域走线的信号回流路径被打断,迫使电流通过不确定的、往往是更长的路径返回,从而导致更高的噪声和 EMI 辐射。对于通常的单片机电路,是采用分割地平面和还是统一地平面,要根据以上原则进行具体分析后确定。含有混合信号电路的单片机,可以考虑将 MCU 放置于模拟地平面内,或者将 MCU 置于两个地平面的分隔线上。

在采用统一、完整地平面的系统中,要尽量减少模拟和数字信号回流路径之间的相互作用,例如模拟元件不应放置在数字元件与其电源之间,因为数字信号经过地平面的回流会干扰模拟信号的地回流。

对于切割的地平面,为使单片机的 ADC 测量更加精确,应确保 ADC 的地电压参考电平和模拟输入信号的参考电平相同。这两个电平出现差异,通常是由于流经模拟电路地平面上的不对称电流造成的,将地平面连接点放置 MCU 附近可保持整个平面上的电流对称,这种做法比将地连接点设置在电源输入附近效果更好。

5.6.3 外部晶振

连接到单片机的外部晶振元件对外界干扰非常敏感,晶振本身也是频率很高的干扰源。应该让它尽可能地靠近单片机外部晶振引脚,使连线尽量短。晶振也不应该放置在

PCB边缘。

在PCB上的同一层,用一块单独的铺铜将晶振和负载电容包围起来,铜箔与芯片晶振引脚XTAL(或OSC)旁的地引脚(如果有的话)相连,然后通过数个过孔与地平面连接。如图5.48所示,图左侧是顶层铜箔,右侧是丝印层。

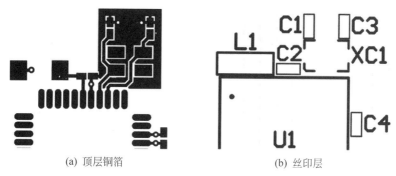

(a) 顶层铜箔   (b) 丝印层

图5.48　晶振包地处理

任何信号线都不要靠近晶振或者在晶振的下方走线。

如果不使用外部晶振,芯片的XTAL引脚要接地,以免外部噪声干扰使单片机工作不正常。

5.6.4　时钟和输出端口设置

MCU的I/O驱动输出端口基本上是为驱动50pF负载和40MHz以上频率的数字信号而设计的,输出信号有很强的高频辐射能力,如果PCB走线或连接器设计不当,可能会显著增加噪声。

驱动器的驱动能力不是越强越好,而是要适当。过快的上升沿产生很高的瞬态电流冲激,反而对电路系统不利。因此应通过设置输出端口的控制寄存器,选择适当的压摆率,以减缓输出信号的上升沿速度,降低EMI辐射。例如在STM32单片机中,GPIO引脚输出模式可以设置输出速度为GPIO_Speed_2MHz、GPIO_Speed_10MHz或GPIO_Speed_50MHz。编程时应根据实际应用中GPIO引脚输出信号的特性,例如,高速SPI还是低速的I^2C或UART等,选择适当的速度,而不是一味选择最高的GPIO_Speed_50MHz。

系统时钟是频率很高的数字信号,其走线如果没有遵守适当的设计规则,可能会产生不必要的噪声和干扰。所以时钟信号最好以带状线在PCB的内层布线。如果系统时钟通过了电缆,应注意容性负载,最好提供单独的驱动电路。与输出端口类似,时钟驱动输出能力也不应过于强悍,要调整控制好压摆率和上升时间,以减少电磁辐射。

单片机系统中的复位信号也是较容易受到干扰的,在ESD测试中常见的失败就是高压脉冲传导到复位线上,引起单片机反复复位失去功能。为保护复位线路免受噪声干扰,在单片机的RESET引脚与地之间应连接一个电容器和一个上拉电阻,来消除可能导致复位的尖峰和噪声。PCB上复位信号的走线也应减小长度、远离干扰源,并与地平面紧密耦合。

第6章

高速PCB设计经验规则应用案例

6.1　PCB设计学习资源

　　学习高速 PCB 设计,离不开实践活动。本书强调从实践出发来逆向学习理论知识,在实际项目的开发工作中学习经验规则、实践理论知识,并进一步总结经验。尤其是对于大学毕业刚参加工作的职场新人,可以说已经学习了足够的理论知识,但实践经验不足。面对复杂的设计项目,难以得心应手地开展设计工作,迫切需要迅速积累经验来处理实际问题。在一个实际的设计任务中,从零开始动手完成一个电路的 PCB 设计,再安装调试,直到完成整个项目设计,这个完整的过程所涉及的原理算法、电路和 PCB 设计的理论知识、经验规则可能十分丰富,能亲身参与这样一个设计项目是非常难得的学习机会。但对大多数初学者或职场新人来说,这样的机会可能是可遇而不可求的。

　　其实在工作之外,在我们周围就可以找到许多学习资料和可以自己动手实践的项目。著名的信号完整性研究和教育领域专家 Eric Bogatin 博士,曾经对他的学生们说过,去建立或参与一个开源的设计项目吧,例如用现代电子技术去复刻一台 20 年前的惠普测试仪器,你会学到非常多的东西。在互联网上大品牌芯片制造商的网站和电子社区中,可以找到很多关于硬件设计的应用笔记、完整的开发技术手册,以及开源硬件项目。不仅设计资料齐全,还有活跃的技术支持和讨论的社区论坛、群组。在各种技术问题的研究、讨论甚至激烈争论的过程中,可以旁观不同技术流派和各自经验知识的碰撞和交流,去伪存真,答疑解惑,学习到真正有用的技术。

　　本节就以这样一个开源的硬件设计项目为例,根据公开资料,对它的 PCB 设计进行分析、解剖。读者可以在这个分析过程中,自己判断和总结,PCB 设计的各个阶段,使用或借鉴了哪些 PCB 经验规则。

6.2　开源硬件项目介绍

　　BeagleBoard. org 基金会是一家总部位于美国密歇根州的非营利性公司,其宗旨是围绕嵌入式微处理器进行开源软件和硬件设计、教学等活动。两位创始人 Jason Kridner 和

Gerald Coley 都是出自德州仪器公司 TI 的资深电子工程师。BeagleBoard.org 社区联合芯片生产商德州仪器、国际分销商 Digi-Key 等公司合作开发、生产、销售一系列单板计算机解决方案，并为开源软件和硬件的开发者提供了一个交流创意、知识和经验的论坛。BeagleBoard 所有设计都是完全开源的，任何人都可以用来制造兼容的硬件。Gerald Coley（现供职于 Austin Circuit Design）设计了前五个开发板：BeagleBoard、BeagleBoard-xM、BeagleBone、BeagleBone Black 和 BeagleBoard-X15。

自推出以来，BeagleBoard 开源软件和开源硬件引起成千上万名电子工程师的浓厚兴趣，也吸引越来越多的大学生，纷纷采用它用于开源项目开发。一群热衷于开发功能强大、开放式嵌入式设备的工程师共同努力，使 Beagle 板得以从概念诞生到最终实现。时至今日 BeagleBoard 各种型号的开发板卡，全球已售出超过 3000 万块板。

它采用 USB 供电，基于 TI 公司的低功耗微处理器，该处理器具有 Arm®Cortex、2D/3D 图形引擎和高性能数字信号处理器（DSP）内核。信用卡大小的电路板为个人计算机和嵌入式系统之间架起了桥梁，让开发人员只需要使用标准的个人计算机，无须昂贵的开发工具就可以进行灵活的系统开发，充分发挥想象力，按照自己的创意进行设计，与开源社区合作开发创造性的新应用。开发人员可以通过 USB 2.0、MMC/SD/SDIO 和 DVI-D 等标准扩展总线添加外设，例如利用 DVI-D 端口连接显示器，利用 S-Video 端口添加电视，或通过 USB 端口添加集线器以连接键盘、鼠标、WiFi、以太网、网络摄像头等。还可通过 MMC/SD 连接器添加存储器外设和基于 SDIO 的 WiFi 和蓝牙功能。

BeagleBoard-X15 是 BeagleBoard 家族的一员，于 2016 年推出。BeagleBoard-X15 基于德州仪器的 AM5728 双 ARM Cortex-A15 处理器，是一款性能一流、支持主流 Linux 操作系统的单板计算机开发系统。电路板尺寸仅为 $4in \times 4.2in$，配备 USB 3.0/USB 2.0、eSATA、HDMI、2 个千兆以太网口、音频输入/输出和外设扩展，优化了集成性和连接性能。

TI 的 AM5728 Sitara 处理器是 Arm 应用处理器，主要用于嵌入式应用，包括工业通信、人机接口、自动化控制、视频流媒体、2D/3D 图形合成和其他高性能应用。处理器拥有两个 1.5GHz ARM Cortex-A15 内核、两个 750MHz C66x DSP 内核、两个基于 ARM Cortex-M4 微处理器的图像处理单元（IPU）子系统、视频输入捕捉和编解码协处理器、3D 图形处理单元和 2D 图形加速系统，以及两个双核可编程实时单元 PRU，满足现代嵌入式产品密集的计算处理需求，可用于用户界面、视频和图形处理、实时控制等。处理器提供一套丰富的外设接口，包括 USB 3.0/USB 2.0、eSATA、PCIe、以太网端口等。

BeagleBoard-X15 延续了广受嵌入式开发工程师和开源硬件爱好者喜爱的 BeagleBoard 系列产品的特征和可扩展性，硬件上配置了 2GB DDR3L SDRAM、4GB 8bit eMMC 闪存、Micro SD 卡插槽；采用先进的电源管理芯片 TPS659037 对多组电源进行管理，满足高性能嵌入式系统要求。开发板提供丰富的外设和数据接口。接口包括：

- 2 个千兆以太网端口；
- 3 个 USB 3.0 主机端口；
- 2 个 USB 2.0 从机端口；
- eSATA(500mA)接口；
- 全尺寸 HDMI 视频输出端口；
- Micro SD 卡槽；

- 立体声音频输入输出；
- 串口和 JTAG 调试端口；
- 4 个 60 针的扩展插座，可接外设和扩展板，例如扩展 PCIe 接口和 LCD 显示模块。

另外，BeagleBoard-X15 还为用户的硬件开发应用提供了大量模块选项，如 GPIO、SPI、UART、CAN、ADC、PWM、I^2C、实时时钟等，以及基于 TCP/IP、UDP 和现场总线协议的各种通信接口。BeagleBoard-X15 兼容 Debian、Android 和 Ubuntu 等操作系统，提供多任务、多用户和实时应用方面的各种功能。BeagleBoard-X15 开发板如图 6.1 所示。

图 6.1　BeagleBoard-X15 开发板

BeagleBoard-X15 与其他 BeagleBoard 开发板一样，硬件设计是开源的，并提供完善的社区支持。电路原理图和 PCB 设计文件可在本书配套的资料包中找到。也可在开源软件网站 github.com 上下载。

6.2.1　BeagleBoard-X15 电路分析

BeagleBoard-X15 系统组成如图 6.2 所示。

主要芯片包括如下。

- 处理器 AM5728，封装为 0.8mm 间距、760 个引脚的 FCBGA(倒装球栅格阵列)。
- 电源管理芯片 TPS6590376ZWSR，包含 7 组降压开关电源变换器、7 组 LDO 输出。封装为 0.8mm 间距，169 个引脚(13×13)的 nFBGA(新型细间距球栅阵列)。
- PCI 时钟发生器芯片 CDCM9102，封装为 32 引脚 VQFN。
- 3.3V/5V DC-DC 电源变换器芯片 TPS54531D，封装为 8 引脚的 WSON。
- 电源负载开关芯片 TPS22965DSG，封装为 8 引脚 SO PowerPAD。
- 4 片 256M×16bit 的 DDR3L SDRAM 组成 2 Bank，总共 1G×16bit RAM 空间，DDR3 芯片为 Micron MT41K256M16TW-107，或 Kingston D2516EC4BXGGB-U。芯片封装为 0.8mm 间距，96 个引脚的 FBGA。
- DDR 终端电源稳压器为 TPS51200，采用带散热焊盘的高效散热型 10 引脚 VSON 封装。
- 4GB，8bit eMMC，芯片为 MICRON MTFC4GMDEA-4M IT 或为 KINGSTON

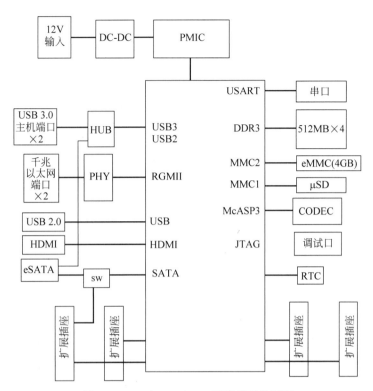

图 6.2 BeagleBoard-X15 开发板系统框图

EMMC04G-M627-X01U。封装为 153 引脚 WFBGA。
- 32Kb EEPROM 芯片 CAT24C256WI-G,封装为 8 引脚 SOIC。
- 2 片以太网收发器(PHY)芯片 KSZ9031RNX,封装为 48 引脚 QFN。
- USB 3.0 HUB 芯片,TUSB8040A,封装为 100 引脚的 WQFN。
- HDMI 电平转换芯片 TPD12S016,封装为 24 引脚 UQFN。
- 立体声音频编解码(Codec)芯片 TLV320AIC3104,具有 6 个输入、6 个输出、耳机放大器和增强数字效果功能。封装为 32 引脚 VQFN。
- 实时时钟芯片 MCP79410T-I/MNY,内含 1Kb EEPROM,封装为 8 引脚 TDFN。
- 温度传感器 TMP102,封装为 6 引脚 SOT563。
- 双通道配电开关芯片 TPS2560,封装为 10 引脚 VSON。

其他元件包括无源元件(电阻、电容、开关按键、插座等)和若干数字逻辑芯片、风扇速度控制器、LED 等,不包括在上面的列表中。因为我们是针对 PCB 布线进行电路分析而非电路原理,所以重点了解引脚多、高速数字信号多的核心芯片,例如处理器以及它的外围元件如 DDR3L、FLASH 存储芯片等。

嵌入式系统开发板的一个显著特点,就是有大量输入输出接口,例如 USB、以太网、HDMI、音频接口等。一般还要把所有的数字 I/O 口引出到插座,以便开发者进行扩展。为了兼容所有 BeagleBoard 开发板和扩展板卡,这些端口在 PCB 上的位置基本上是固定的,例如扩展接插件位置有严格的机械尺寸和公差要求;有的端口插座位置则是约定俗成的,例如 USB、HDMI、以太网端口等位置朝向,一般与其他开发板保持一致,以方便开发者识别接线。在 PCB 设计布局时,要注意这一点。

在了解电路的基本构成之后,下面对电路中的信号流进行简单分析和归类,这一步是PCB设计布局的基础。

首先是处理器及包括RAM、FLASH、EPROM在内的存储器架构,如图6.3所示。

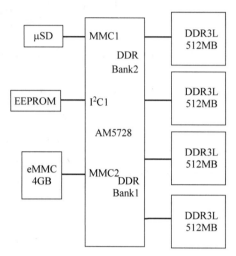

图6.3　存储架构

AM5728和四片DDR3L芯片无疑是最核心的器件。DDR3接口电路如图6.4所示,AM5728有两个外部存储器接口(EMIF),两组32位数据总线和一组16位地址总线,以及时钟、读写控制线等,分别与四片16位的DDR3L SDRAM连接,组成2Bank、2GB、32位的SDRAM内存空间。DDR3L数据总线、地址总线、时钟、控制线等都是频率较高的高速数字信号线,有严格的PCB布线要求,例如传输线阻抗、长度、差分信号线长度差等参数对信号、高速信号、时钟有很大影响。这部分是高速信号线最多的地方,也是整块PCB布线的重点和难点,关系到设计最后的成败,应当优先考虑和处理。

Micro SD插槽和4GB的eMCC芯片MTFC4GMDEA或EMMC04G,分别连接AM5728的eMMC/SD/SDIO主机控制器端口MMC1和MMC2,如图6.5和图6.6所示。

1片EEPROM芯片CAT24C256挂接在I^2C总线上与处理器连接。

两个千兆RJ45以太网口通过收发器KSZ9031RNX与AM5728的两个RGMII(精简千兆媒体独立接口)端口连接,如图6.7所示。

处理器RGMII端口与以太网收发器(PHY)连接如图6.8和图6.9所示(两个端口相同,仅展示一个通道)。

RX数据线上串联22Ω电阻用来防止信号反射。而TX数据线上串联0Ω电阻起到同样作用。在实际电路调试中可通过测量数据信号来调整串联电阻的阻值以取得最佳效果。

以太网收发器(PHY)与RJ45插座连接如图6.8所示。

AM5728有一个支持1920×1080,60FPS的HDMI接口,连接电路如图6.10所示。主要包括一块HDMI电平转换芯片TPD12S016,输出线上用来抑制EMI电磁辐射的共模扼流圈、ESD保护TVS二极管、全尺寸HDMI插座等元器件。

AM5728只有一个USB 2.0接口和一个USB 3.0接口,所以由AM5728连接一块USB Hub芯片TUSB8040A,实现4个USB 3.0端口扩展,如图6.11所示。

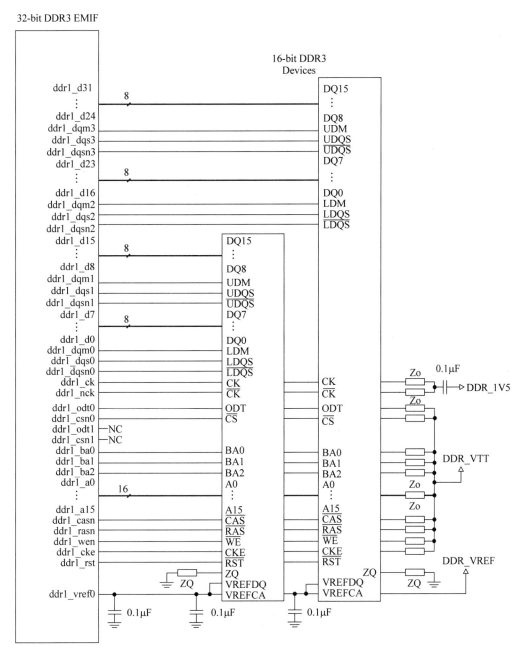

图 6.4　DDR3 接口电路

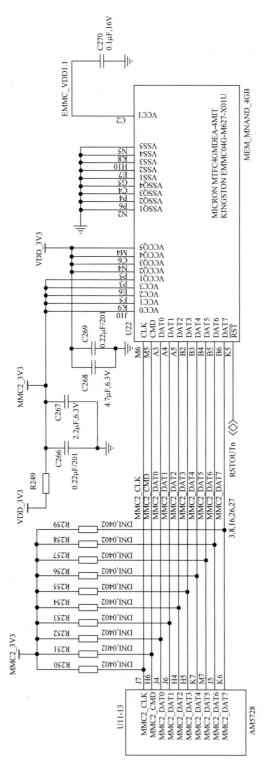

图 6.5　eMMC 接口电路

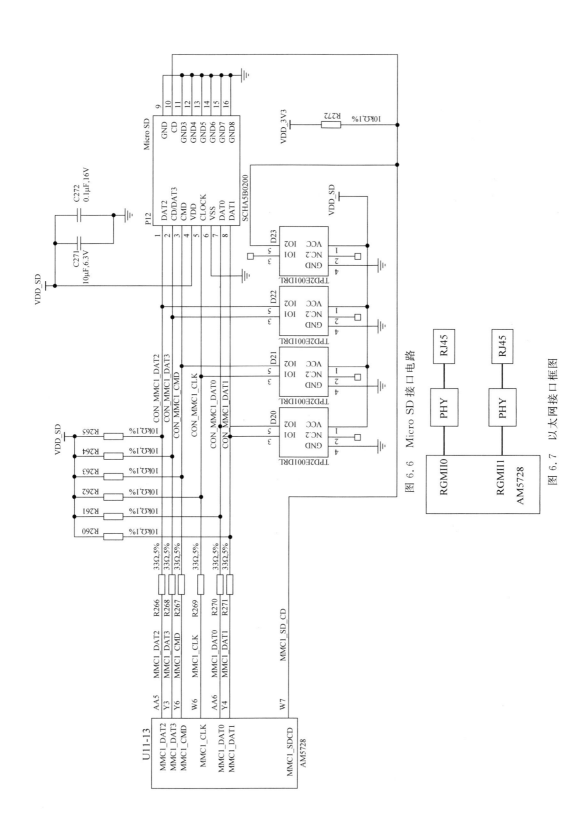

图 6.6　Micro SD 接口电路

图 6.7　以太网接口框图

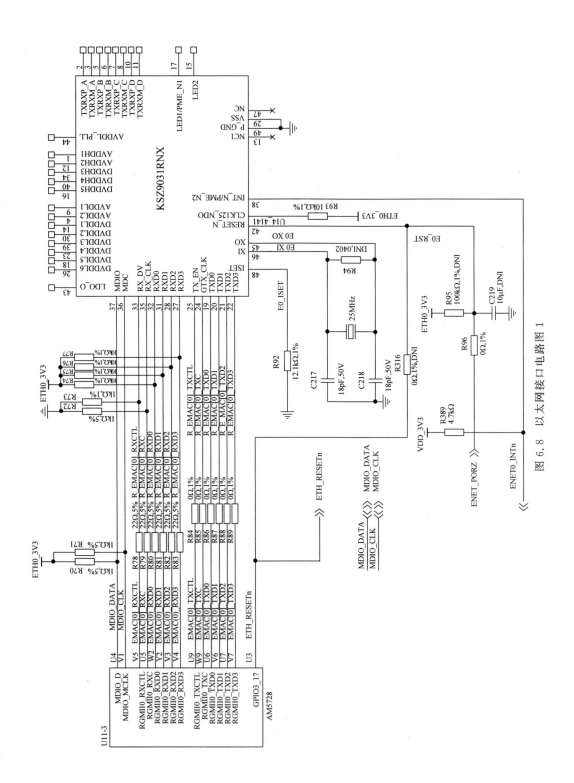

图 6.8 以太网接口电路图 1

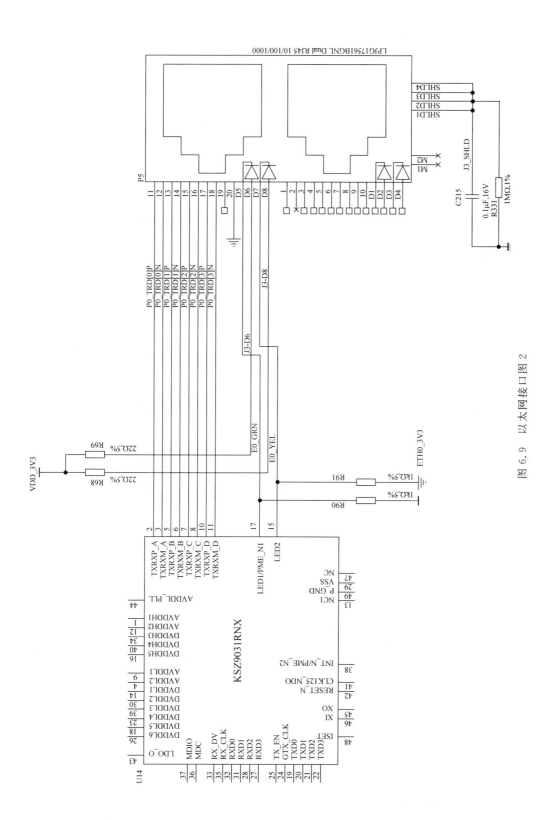

图 6.9 以太网接口图 2

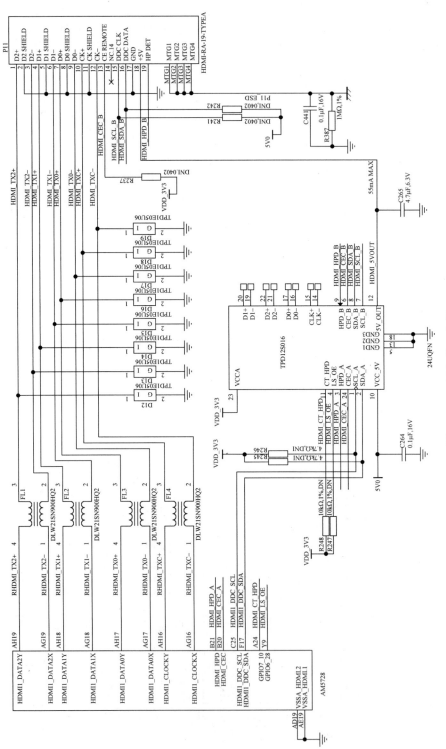

图 6.10 HDMI 接口电路

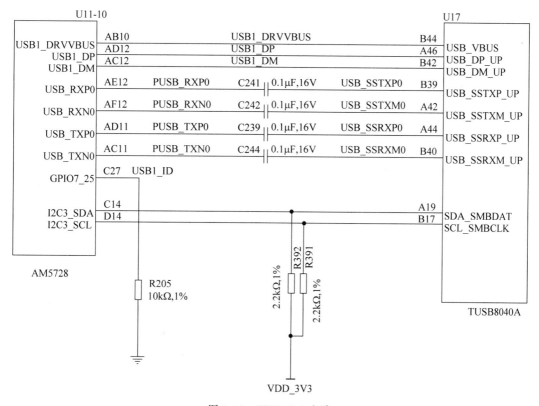

图 6.11 USB Hub 电路

两片双通道配电开关控制 USB 3.0 端口的对外供电,USB1 和 USB2 两个 USB 3.0 插座可提供 1200mA 电流,其他 USB 3.0(USB3/USB4)端口则可提供 900mA 电流。

AM5728 的 SATA 接口连接一个双向开关(PI2DBS212),开关用于切换 SATA 信号连接板载 eSATA 连接器,或者输出到扩展插座,以供扩展板使用,如图 6.12 所示。eSATA 接口是 SATA 和 USB 两个接口的组合,eSATA 接口可用作 eSATA 或 USB 2.0 接口,USB 信号来自 USB 3.0 HUB。如果 SATA 信号被切换到扩展插座,eSATA 连接器仍可用作 USB 端口。

AM5728 芯片对外引出 I^2C、SPI、UART 等数据总线,其中两个 I^2C 总线,分别为 I2C1 和 I2C3。如图 6.13 通过 I2C1 与 AM5728 连接的外围器件有电源管理芯片 TPS659037、EEPROM 芯片 CAT24C256WI,温度传感器芯片 TMP102AIDRLT 和音频编解码芯片 TLV320AIC3104。

通过 I2C3 与 AM5728 连接的器件有实时时钟芯片和 USB 3.0 Hub 芯片。

立体声音频编解码器 TLV320AIC3104 还通过 I^2S 总线与 AM5728 的 MCASP3 I2S 端口连接,如图 6.14 所示。主时钟 MCLK 也来自 AM5728 的 XREF_CLK1 引脚。

实时时钟电路通过 I2C3 总线连接到 AM5728,如图 6.15 所示。时钟源晶振 32.768kHz,后备电源为 CR1229 不可充电锂电池。锂电池容量为 35mAh,可为开发板实时时钟电路提供数年的电力。

BeagleBoard-X15 支持 PCIe 接口,通过扩展口输出相关信号线,如图 6.16 所示。PCIe 基准时钟由芯片 CDCM9102、25MHz 晶体振荡器产生,提供 2 个 100MHz 差分时钟信号。

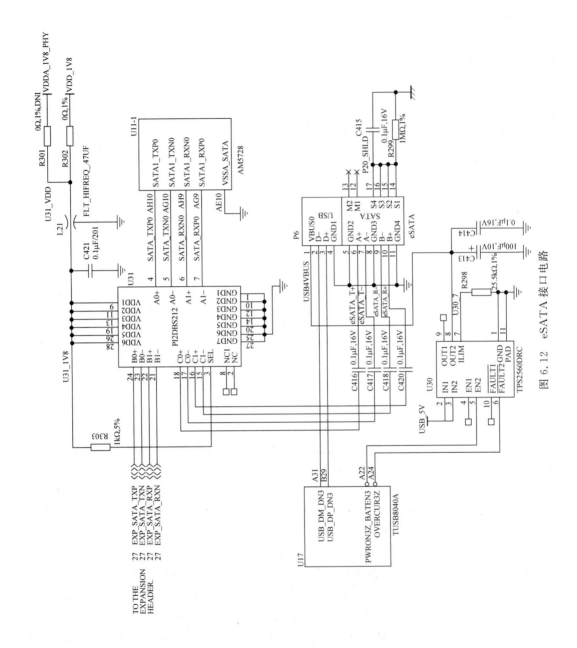

图 6.12 eSATA 接口电路

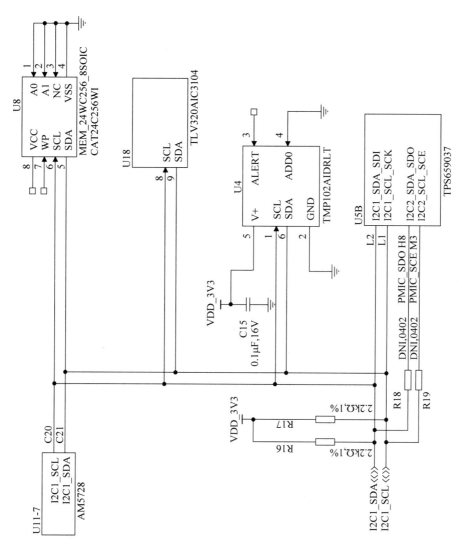

图 6.13　I²C I2C1 接口电路

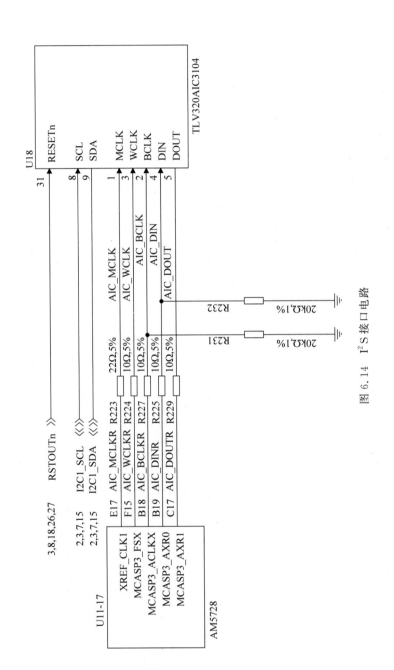

图 6.14 I²S 接口电路

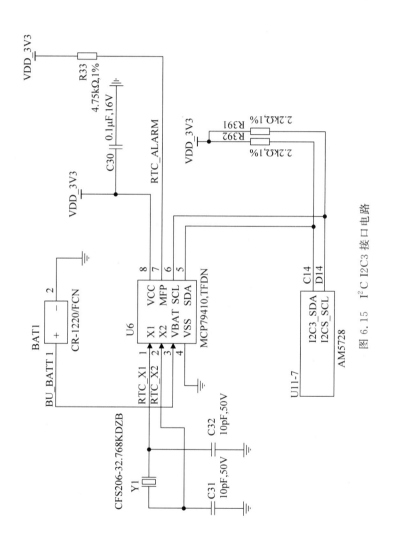

图 6.15 I²C I2C3 接口电路

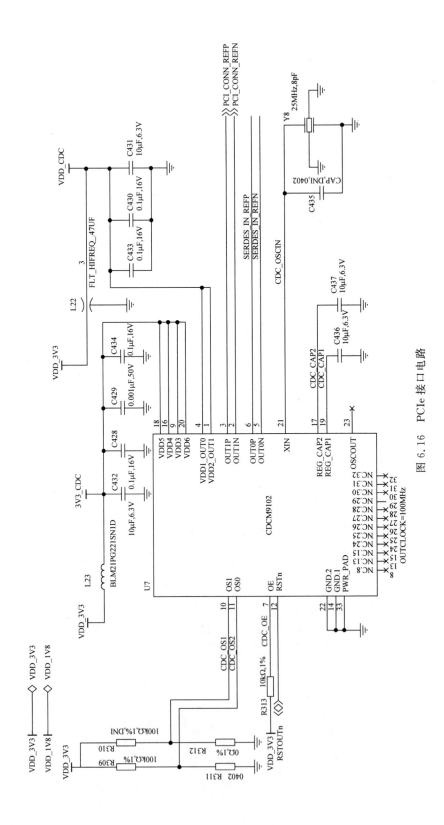

图 6.16　PCIe 接口电路

电路板提供一个 UART 串口调试端口，一个 JTAG 调试端口。串口插座经过隔离缓冲芯片 SN74LVC2G241 后连接到 AM5728。JTAG 插座则直接与 AM5728 连接。

除了以上 AM5728 处理器、存储器、输入输出端口几个部分外，电路中另外一个重要部分就是电源系统，如图 6.17 所示。

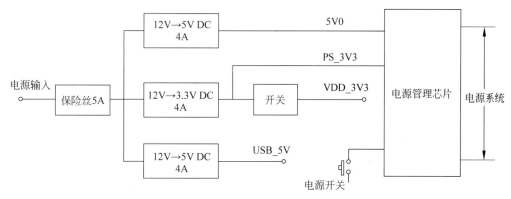

图 6.17 电源系统框图

电路的电源输入为直流 12V，5A，通过一个 DC 电源插座进入开发板。由 3 片降压型 DC-DC 电源变换器 TPS54531 分别转换为 5V、3.3V。其中一路 5V 电源为 USB 端口供电，其他两路(5V 和 3.3V)电源则与电源管理芯片连接。

USB 要求每个端口支持最大 900mA 电流。对于 USB 3.0 大电流充电端口，最大支持 1.5A 输出。这样一来，5V 电源的总电流最大为 3.3A。为了提供这么大的电流，如图 6.18 所示，使用了一片 TPS54531 5V 电源转换器，最大可提供 4A 电流，专给 USB 端口供电。

处理器 AM5728 有多个电压的电源输入，例如 3.3V、1.8V、1.35V、1.06V、1.05V、1.03V 等。芯片的各个模块对电源的上电时序有要求，因此需要电源管理芯片来进行管理。

电源管理芯片在电路系统中负责电能的变换、分配、检测、电能管理、上电时序和关电时序控制、掉电处理等职责。在 BeagleBoard-X15 开发板中，承担这一任务的是 TI 的电源管理芯片(PMIC)TPS650374。芯片内有多个电源开关和 LDO 稳压器，来为处理器和整个系统供电，以确保正确的电源上电、睡眠关闭等电源时序。

6.2.2 电路功能模块分组

经过以上电路分析可知，BeagleBoard-X15 电路中模拟电路只占极小的一部分，仅立体声音频输入输出为模拟电路，绝大部分是数字电路，尤其是与主芯片 AM5728 直接连接的 DDR3L 芯片、以太网、USB 等数据线、地址线、时钟、关键控制信号线等，都是频率较高的数字信号，需要特别注意。根据电路功能模块分组的经验规则，将电路大致分为以下几个部分，在电路布局时以此功能模块分组来进行。

(1) 主处理器芯片 AM5728 以及 4 片 DDR3L 芯片、终端电源稳压器芯片 TPS51200、AM5728 复位电路芯片 TPS3808G09 以及 SN74LVC2G132/SN74LVC1G08/SN74LVC1G11 等数字逻辑芯片、20MHz 晶振、22.5792MHz 晶振等。还包括芯片必要的外围元件，例如去耦电容、端接电阻等。

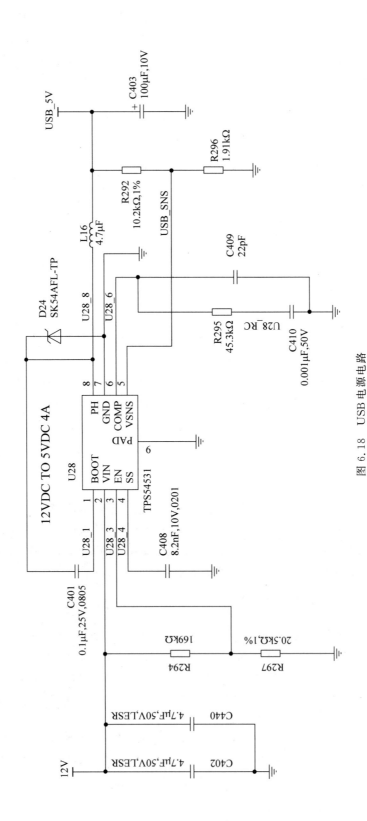

图 6.18 USB 电源电路

（2）时钟功能模块，包含时钟发生器 CDCM9102、25MHz 晶振，以及相关的电阻、电容、磁珠等元件。

（3）DC-DC 电源变换器电路和电源管理器芯片，包含电源管理芯片 TPS650374，DC-DC 变换器芯片及其相关的二极管、电阻、电容、电感、磁珠、电源输入插座、电源开关等无源元件。

（4）以太网功能模块，包含以太网收发器、共模扼流圈、TVS 二极管、RJ45 Magjack 插座等相关元件。

（5）USB 3.0 功能模块，包含 USB 3.0 集线器芯片 TUSB804A、电源开关芯片 TPS2561DRC（两片）、ESD 保护 TVS 二极管 TPD2EUSB30ADR，以及 USB 插座、电阻、电容等相关元器件。

（6）USB 2.0 功能模块，包含 Micro USB-AB 插座和 ESD 保护二极管 TPD2E001DRL。

（7）HDMI 功能模块，包含 HDMI 电平转换芯片 TPD12S016，4 个共模扼流圈和 8 只 ESD 保护二极管 TPD1E05U06，以及 HDMI 输出插座和相关的电阻、电容等元件。

（8）eSATA/SATA 功能模块，包含 SATA 2 选 1 切换开关芯片 PI2DBS212、数字隔离驱动芯片 SN75LVCP412，以及 eSATA/USB 二合一插座等元器件。

（9）音频功能模块，包含立体声音频编解码器芯片 TLV320AIC3104、模拟电源专用稳压器 TPS77018DBV、两个双声道输入输出插座、ESD 保护二极管 PESD0603-240，以及相关的电阻、电容、磁珠等元件。

（10）实时时钟功能模块，包含时钟芯片 MCP79410、32.768kHz 晶振，以及 CR1229 锂电池。

（11）调试端口模块，包含一个 JTAG 插座和一个串口插座，以及隔离驱动芯片 SN74LVC2G241。

（12）扩展口功能模块，包含 4 支 60 引脚的扩展针座和 4 个安装孔，将它们组成一个模块，是因为扩展插座在 PCB 上的位置尺寸有严格要求，以符合扩展板的接口尺寸要求。

（13）其他小的功能模块元件，例如温度传感器芯片、LED 指示灯、电源钳位电路等。

6.3 PCB 叠层设计

PCB 叠层设计受几个因素限制：一是 PCB 制板成本，层数越多自然成本越高；二是电路中高速信号线数量；三是芯片封装，例如 BGA 封装需要更多的层来扇出信号线；四是 PCB EMC 要求，当需要通过 EMC 认证时，PCB 中需要设置足够多的电源和地平面层抑制 EMI 电磁辐射。在考虑 PCB 叠层方案时，必须平衡 PCB 成本与信号完整性要求之间的矛盾，选择适当的 PCB 叠层设计。

在 BeagleBoard X-15 中最关键的是处理器 AM5728 和存储器 DDR3L 芯片。难点在于 DDR3 数据总线、地址总线、时钟以及控制信号线的布线。由于器件是 96 引脚、0.8mm 间距的 TFBGA 封装，扇出 IC 引脚走线也需要大量的精心设计才能完成。按照一般布线经验，4 片 16bit DDR3L 芯片不论是采用哪种拓扑结构，最少需要 5 个信号层：地址线需要三个信号走线层，数据总线需要一层才能走完，由于表层贴装 BGA 元件无法走线，所以加起来最少要 5 个走线层。

AM5728 处理器采用 23mm×23mm、间距为 0.80mm 的 28 列×28 列球栅阵列封装。这种球栅阵列是一个几乎没有开口的整块阵列。由于芯片外围的信号引脚的行数较多,需要至少 4 层布线层,这还不包括顶层和底层,因为这两层也可能包含一些信号线路。此外,由于电源轨的数量较多,叠层结构中需要两层专用于电源平面。电源平面和外层相邻位置必须插入地平面,以实现阻抗受控布线和电磁屏蔽。

由于 BeagleBoard X-15 开发板引出了处理器的全部接口信号线,AM5728 芯片几乎没有空引脚,PCB 尺寸受 BeagleBoard 开发板系列产品外形尺寸规格的限制,而且排列在 PCB 边缘的输入输出插座也很紧凑,PCB 布线非常密集。因此最终根据官方设计指南建议(Texas Instruments Application Report-AM571x/AM572x/AM574x PCB Escape Routing),采用 12 层的 PCB 叠层结构,具体设计如表 6.1 所示。

表 6.1　12 层 PCB 叠层结构

PCB 层	应　用	PCB 层	应　用
Layer1	贴装元件、信号布线	Layer7	电源平面
Layer2	地平面	Layer8	信号布线
Layer3	信号布线	Layer9	地平面
Layer4	地平面	Layer10	信号布线
Layer5	信号布线	Layer11	地平面
Layer6	电源平面	Layer12	贴装元件、信号布线

这个对称的层叠方案的特点很明显,所有信号层都有一个地平面与之相邻,尤其是内层的信号层,上下都有参考平面相邻,信号完整性都得到了保证。地和电源平面的数量达到了 6 层,具有较好的电磁屏蔽性能。唯一不足的地方是两个电源平面层与地平面层相距太远,如果不是成本限制,可以再加入两个地平面层与电源平面层相邻。

这个层叠方案采用高密度互连(HDI)技术,即在顶部两层和底部两层都将使用微孔连接,为 PCIe、USB 等 SERDES 接口,在第 3 层、第 10 层以及底层和顶层的 DDR3 PCB 走线提供了最佳的布线路径。因为采用微孔技术制作的盲孔和埋孔,没有过孔残桩。第 5 层和第 10 层也可进行 DDR3 信号布线,过孔残桩很少。虽然 HDI 技术增加了成本,但在信号完整性和简化布线方面优势突出。

如果开发板可以精简接口数量,处理器 AM5728 有部分未引出的空引脚,芯片周围元件和布线不那么拥挤,出于成本考虑可以减少层数。但是不能仅仅为了节省成本而减少 PCB 层数,或因布线难度大、布线时间长而违反布线规则。

由于厂商公布的布线方案经过了设计团队长时间的设计、模拟仿真、台架测试、验证评估等过程,值得信赖。所以尽可能地参考厂商发布的评估板设计,采取相同的设计方案,则可最大限度地减少布线和验证时间。

6.4　布局设计

开始布线之前的一个重要工作是元件的布局摆放,这一步看似随意,但对今后的布线工作有重大影响,因为元件布局不仅关系到接口插座和安装孔位的位置是否符合 PCB 机械尺寸要求,元件之间的距离决定了信号线 PCB 走线的最小长度。

PCB 走线的一般经验规则是越短越好,交叉点越少越好。这就要求仔细放置元件、调整衡量元件之间的距离,尤其是处理器 AM5728 和它周围的 DDR3L 芯片。

首先布局有固定位置的元件,最重要的是 5 个安装孔和 4 支扩展插座,如图 6.19 所示(图和数据来源:BeagleBoard-X15 System Reference Manual)。

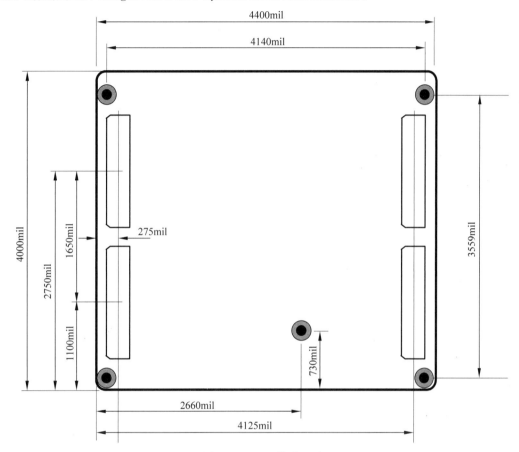

图 6.19　PCB 外形尺寸

其次,按照高速信号线数量和信号频率、重要性等因素排序的顺序,以前面分组的功能块进行元件布局放置。

AM5728 芯片是重中之重的核心,所以将 AM5728 芯片放置在 PCB 的中心。

然后是 4 片 DDR3L 芯片的布局,如图 6.20 所示。它们与 AM5728 之间的距离将决定信号走线的长度和布线密度。较大间距,布线空间大,布线工作较为轻松,但信号线的平均长度较长,要考虑最长的信号线长度是否满足 DDR3 的布线要求。反之,较小的元件间距,信号线长度短,但布线空间缩小,布线工作难度加大,可能需要更长的 PCB 设计时间才能顺利完成。所以 DDR3L 芯片与 AM5728 布局的距离,均衡两种主要影响因素后存在一个最佳值,就是在芯片数据手册中厂商推荐的数值。

允许在 DDR3 保留区域内通过非 DDR3 信号走线,但这些走线必须通过接地平面与DDR3 信号走线层隔开。

如果主控制器有一个以上的 DDR 控制器,则来自其他控制器的信号被视为非 DDR3

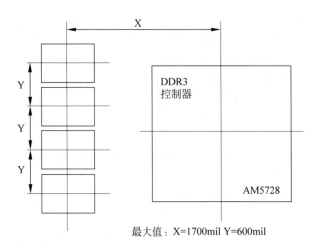

最大值：X=1700mil Y=600mil

图 6.20　DDR3 SDRAM 布局

信号,应按上述方法进行隔离。

　　DDR3 的信号布线区域可以设置禁止布线区域,以便与其他信号走线隔离开来,如图 6.21 所示。

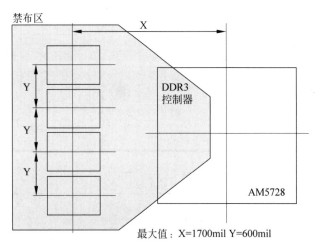

最大值：X=1700mil Y=600mil

图 6.21　DDR3 禁布区

　　非 DDR3 信号走线不能在 DDR3 禁布区内出现,除非是在与 DDR3 信号层有地平面层隔离的布线层上。该区域内的电源平面(1.5V DDR3 电源)与地平面层都不能切割断开。要注意的是,来自 DDR3 控制器的信号走线也都应保持 4W 以上的距离。

　　确定好处理器和 DDR3 内存芯片的位置后,再参考 BeagleBoard 系列开发板输入输出插座的习惯,并根据接口与处理器连接的信号出线方向、长度等因素,放置接口插座。依照工作频率高低顺序逐个放置、确定好位置,例如优先放置 USB 3.0 插座、USB/SATA 二合一插座,然后放置 HDMI 输出插座、USB 2.0 插座等,最后放置电源输入和音频输入/输出插座,调试接口和电源开关和复位按键等。

　　最后一步,将各功能模块电路元件放置在相应位置。因为主要器件和接口已经确定,以最短连线的原则来布局这些电路元件,还是比较容易确定的。例如电源模块的元件放置在电源输入插座附近、USB 3.0 Hub 芯片放置在 AM5728 与 USB 3.0 之间的区域、以太网收发器(PHY)芯片则放置在网线插座附近,eMMC 芯片也很自然地放置在 AM5728 的另一侧,与 DDR3L SDRAM 芯片相对的位置。

剩下的细小元件如电阻、电容等,可以留到布线阶段,一边布线一边确定它们的位置。只有几个地方例外,即 AM5728、DDR3、eMMC 等 BGA 封装芯片的去耦电容和端接电阻,需要先确定好大致的位置,例如去耦电容放置在靠近芯片的位置或芯片下方的 PCB 底层;端接电阻放置在总线的末端。

最后,布局的元件位置如图 6.22 所示。

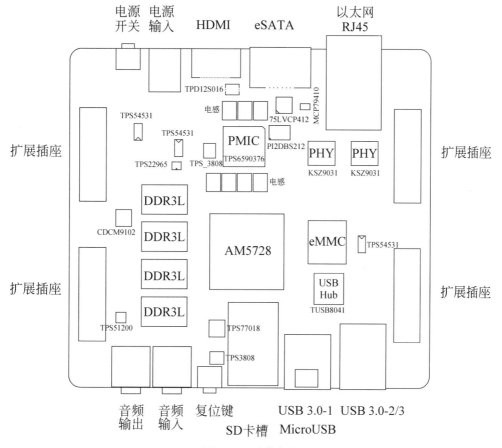

图 6.22　元件布局

6.5　数据传输线阻抗设计

高速 PCB 设计的一个基本规则就是高速信号走线必须按传输线进行阻抗控制,除非走线长度很短。对于有规定阻抗参数值的单端和差分传输线,自然不用说,对于没有明确阻抗值的单端信号线,一般按 50Ω、75Ω 或 100Ω 设计。

传输线的阻抗与 PCB 走线几何尺寸、PCB 介质厚度、介电常数,以及 PCB 走线类型,在 PCB 内层还是表层等因素有关。所以在开始布线之前,预先计算好各种阻抗要求传输线的 PCB 走线参数,并对要求控制阻抗的传输线分组、设置好线宽和间距等布线规则。

BeagleBoard-X15 开发板使用的 12 层 PCB 板材参数如表 6.2 所示。

表 6.2　12 层 PCB 板材参数

PCB 叠层	功　　能	厚度/mil
L1(Top)	信号	1.3
FR4 介质		2.919
L2	地平面	1.3
FR4 介质		4.471
L3	信号	1.3
FR4 介质		4.668
L4	地平面	1.3
FR4 介质		4.471
L5	信号	1.3
FR4 介质		4.668
L6	电源平面	1.3
FR4 介质		3.912
L7	电源平面	1.3
FR4 介质		4.668
L8	信号	1.3
FR4 介质		4.471
L9	地平面	1.3
FR4 介质		4.668
L10	信号	1.3
FR4 介质		4.471
L11	地平面	1.3
FR4 介质		2.919
L12(底层)		1.3

根据表中的参数计算每一层中几种阻抗的 PCB 走线的尺寸如表 6.3 所示。

表 6.3　PCB 传输线阻抗与线宽、间距

PCB 叠层	参考层	目标阻抗/Ω	线宽/mil	间距/mil
L1(微带线)	下 L2	50(单端)	4.72	
		90(差分)	5.00	9.00
		100(差分)	4.00	10.00
L3(带状线)	上 L2 下 L4	50(单端)	3.70	
		90(差分)	4.50	10.00
		100(差分)	3.70	12.00
L5(带状线)	上 L4 下 L6	50(单端)	3.70	
		100(差分)	3.70	12.00
L8	上 L7 下 L9	50(单端)	3.70	
L10	上 L9 下 L11	50(单端)	3.70	
		90(差分)	4.50	10.00
		100(差分)	3.70	12.00
L12(微带线)	上 L11	50(单端)	4.72	
		90(差分)	5.00	9.00
		100(差分)	4.00	10.00

计算 PCB 走线的阻抗可以使用 EDA 软件自带的阻抗计算器或者在线阻抗计算工具。以计算工具 Polar Si9000 的 PCB 传输线场求解器为例,在图 6.23 和图 6.24 中,分别计算顶层(L1)的单端阻抗和差分阻抗。

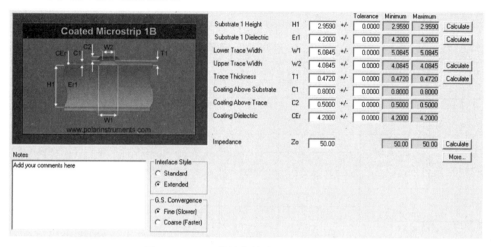

图 6.23 50Ω 单端传输线 PCB 走线计算

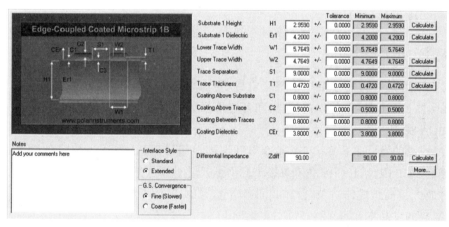

图 6.24 90Ω 差分传输线 PCB 走线计算

有很多 PCB 生产厂商对供应的板材都附带阻抗参数,包括制板后实际测量数据,因此厂商提供的参数更符合 PCB 制成后的实际的阻抗,一般都要根据生产厂商的数据对计算值做出相应的调整,如表 6.4 中,实测阻抗值与计算值有所偏差,根据这个偏差对线宽和线间距做出调整。

表 6.4 阻抗实测值与线宽、间距调整

PCB 叠层	参考层	目标阻抗/Ω	设计值/mil		实测调整值/mil		
			线宽	间距	线宽	间距	阻抗
L1 (微带线)	下 L2	50(单端)	4.72		4.50		49.55
		90(差分)	5.00	9.00	4.80	9.20	89.73
		100(差分)	4.00	10.00	3.90	10.10	99.05

续表

PCB 叠层	参考层	目标阻抗/Ω	设计值/mil		实测调整值/mil		
			线宽	间距	线宽	间距	阻抗
L3 (带状线)	上 L2 下 L4	50(单端)	3.70		3.00		49.05
		90(差分)	4.50	10.00	3.65	10.85	89.01
		100(差分)	3.70	12.00	2.85	12.85	99.56
L5 (带状线)	上 L4 下 L6	50(单端)	3.70		3.30		49.03
		100(差分)	3.70	12.00	3.15	12.55	99.18
L8 (带状线)	上 L7 下 L9	50(单端)	3.70		3.3		49.06
L10 (带状线)	上 L9 下 L11	50(单端)	3.70		3.0		49.05
		90(差分)	4.50	10.00	3.65	10.85	89.01
		100(差分)	3.70	12.00	2.85	12.85	99.56
L12 (微带线)	上 L11	50(单端)	4.72		4.50		49.55
		90(差分)	5.00	9.00	4.80	9.20	89.73
		100(差分)	4.00	10.00	3.90	10.10	99.05

6.6　PCB 布线分析

6.6.1　BGA 布线

AM5728 芯片引出信号走线是整个电路板布线的重点和难点,布线工作首先从 BGA 布线开始,重点考虑 BGA 的焊盘、扇出和各组信号线的 PCB 走线。

1. BGA 焊盘

BGA 焊盘的设计关系到 BGA 能否很好地焊接组装,要选择适当的焊盘类型和尺寸。关于球栅的 PCB 焊盘,IPC 标准组织提供标准的尺寸。IPC 是一个由全球数百家 PCB 制造商和芯片装配厂商组成的组织,旨在共同确定包括 BGA 球焊盘在内的 PCB 规范标准,以提高 PCB 制造的良品率和可靠性。

AM5728 BGA 封装球栅间距为 0.80mm,标准建议使用 NSMD 焊盘,即非阻焊层定义的焊盘。NSMD 焊盘的阻焊掩模开口略大于铜焊盘,在阻焊掩模边缘和焊盘之间留出很小的间隙。虽然尺寸控制不如阻焊掩模方法精确,但焊盘尺寸取决于铜箔的蚀刻,而铜箔的蚀刻加工是相当精确的。一般小间距 BGA 封装推荐使用 NSMD 焊盘,这样焊盘之间将留有更多空间用于信号走线。

AM5728 封装的标称焊球直径为 0.5mm,从 IPC-7351A 规范中,可以找到 BGA 的最佳焊盘尺寸为 0.4±0.05mm(表 6.5 为 TI 的引用图表)。

表 6.5　BGA 的最佳焊盘尺寸

Nominal Ball Diameter	Reduction	Land Pattern Density Level	Nominal Land Diameter	Land Variation
0.75	25%	A	0.55	0.60-0.50
0.65	25%	A	0.50	0.55-0.45

续表

Nominal Ball Diameter	Reduction	Land Pattern Density Level	Nominal Land Diameter	Land Variation
0.6	25%	A	0.45	0.50-0.40
0.55	25%	A	0.40	0.45-0.35
0.5	20%	B	0.40	0.45-0.35
0.45	20%	B	0.35	0.40-0.30
0.4	20%	B	0.30	0.35-0.25
0.35	20%	B	0.30	0.35-0.25
0.3	20%	B	0.25	0.25-0.20
0.25	20%	B	0.20	0.20-0.17
0.2	15%	C	0.17	0.20-0.14

2. 扇出过孔

AM5728 BGA 封装是标准 BGA 阵列和过孔通道阵列的混合体,可以在较少的 PCB 层上布更多的信号线。如果使用微孔或其他类型的盲孔和埋孔技术,结合空球位与未使用的球位、电源和地球位,就可以形成过孔通道,从而使用过孔通道阵列布线技术。

AM5728 BGA 焊盘直径为 0.4mm,焊盘阵列水平间距和垂直间距都为 0.8mm,可通过一条 4mil 的 PCB 走线。焊盘对角线距离为 1.131mm,故可以在对角线上放置过孔。过孔直径 0.203mm,过孔焊盘直径 0.406mm,过孔与 BGA 焊盘之间的间隙为 0.363mm,如图 6.25 所示。

BGA 扇出通过图 6.26 这种"狗骨头"形状的过孔与焊盘走线就可以顺利完成。

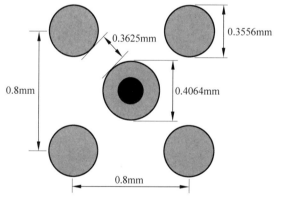

图 6.25　BGA 焊盘与过孔尺寸

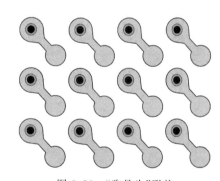

图 6.26　"狗骨头"形状

开始布线时必须先确定不同接口数据信号的优先级,先完成优先级较高的接口信号走线,然后再进行优先级较低的接口信号走线。因为当发现某些关键信号布线存在缺陷做出调整时,往往会牵一发而动全身,需要花费大量精力来对其他信号线重新布线。所以一定要先完成关键的和重要的接口布线。

根据高速信号的优先级,按照下列表中的顺序依次进行布线。虽然个别设计要求会导致顺序有所变化,但这是一个好的开始顺序。

按布线优先级从高到低排列如下。

(1) USB 3.0。

（2）SATA、PCIe。

（3）HDMI。

（4）DDR3。

（5）USB 2.0、电源分配网络、RGMII、QSPI。

（6）eMMC、时钟。

（7）MII/RMII、SPI。

（8）GPIO、UART、I^2C。

千兆 SERDES 接口由于其数据传输速率和损耗问题而最为关键；USB 3.0 对 PCB 损耗也非常敏感而位居前列，它们的信号走线不能太长。

异步和低速接口位于最末的位置，其他同步接口按数据传输速率的高低顺序排列在中间。值得注意的是，电源分配网络不能放在靠后的位置，即电源分配网络应及早开始布线，以免没有足够的空间来布较宽的电源走线和放置去耦电容。

实际上 BGA 球栅阵列图的安排也支持优先级最高的接口优先布线，例如 PCIe、USB3、SATA、HDMI 等 SERDES 接口协议的信号线大部分都位于 BGA 焊球阵列的外侧两环上，基本上无须借助过孔就可以将它们直接引出布线。

6.6.2　SERDES 接口布线

SERDES 协议类型的接口必须首先布线，例如 PCIe、USB 3.0、SATA、HDMI、DDR3 等，它们都应该遵循高速信号走线的设计指南和经验规则。

如图 6.27 所示，在 EDA 软件中为差分信号配对编组、添加线宽、间距、长度匹配等约束规则，即可开始对差分对的两条线同时进行布线。

Objects			Referenced Physical CSet	Line Width
Type	S	Name		Min
				mil
DPr		▲ DDR1_DQS2	100OHM_DIFF	4.0000:3.7000:3.7000:3.7000:3.7000:3.7000:3.7000:3.7000:3.7000:3.7000:3.7000:4.0000
Net		DDR1_DQSN2	100OHM_DIFF	4.0000:3.7000:3.7000:3.7000:3.7000:3.7000:3.7000:3.7000:3.7000:3.7000:3.7000:4.0000
Net		DDR1_DQS2	100OHM_DIFF	4.0000:3.7000:3.7000:3.7000:3.7000:3.7000:3.7000:3.7000:3.7000:3.7000:3.7000:4.0000
DPr		▲ DDR1_DQS3	100OHM_DIFF	4.0000:3.7000:3.7000:3.7000:3.7000:3.7000:3.7000:3.7000:3.7000:3.7000:3.7000:4.0000
Net		DDR1_DQSN3	100OHM_DIFF	4.0000:3.7000:3.7000:3.7000:3.7000:3.7000:3.7000:3.7000:3.7000:3.7000:3.7000:4.0000
Net		DDR1_DQS3	100OHM_DIFF	4.0000:3.7000:3.7000:3.7000:3.7000:3.7000:3.7000:3.7000:3.7000:3.7000:3.7000:4.0000
DPr		▷ DDR2_CLK0	100OHM_DIFF	4.0000:3.7000:3.7000:3.7000:3.7000:3.7000:3.7000:3.7000:3.7000:3.7000:3.7000:4.0000
DPr		▷ DDR2_DQS0	100OHM_DIFF	4.0000:3.7000:3.7000:3.7000:3.7000:3.7000:3.7000:3.7000:3.7000:3.7000:3.7000:4.0000
DPr		▷ DDR2_DQS1	100OHM_DIFF	4.0000:3.7000:3.7000:3.7000:3.7000:3.7000:3.7000:3.7000:3.7000:3.7000:3.7000:4.0000
DPr		▷ DDR2_DQS2	100OHM_DIFF	4.0000:3.7000:3.7000:3.7000:3.7000:3.7000:3.7000:3.7000:3.7000:3.7000:3.7000:4.0000
DPr		▷ DDR2_DQS3	100OHM_DIFF	4.0000:3.7000:3.7000:3.7000:3.7000:3.7000:3.7000:3.7000:3.7000:3.7000:3.7000:4.0000
DPr		▷ DIFFPAIR0	100OHM_DIFF	4.0000:3.7000:3.7000:3.7000:3.7000:3.7000:3.7000:3.7000:3.7000:3.7000:3.7000:4.0000
DPr		▷ DIFFPAIR1	100OHM_DIFF	4.0000:3.7000:3.7000:3.7000:3.7000:3.7000:3.7000:3.7000:3.7000:3.7000:3.7000:4.0000
DPr		▷ DIFFPAIR2	100OHM_DIFF	4.0000:3.7000:3.7000:3.7000:3.7000:3.7000:3.7000:3.7000:3.7000:3.7000:3.7000:4.0000
DPr		▷ DIFFPAIR3	100OHM_DIFF	4.0000:3.7000:3.7000:3.7000:3.7000:3.7000:3.7000:3.7000:3.7000:3.7000:3.7000:4.0000
DPr		▷ DIFFPAIR4	100OHM_DIFF	4.0000:3.7000:3.7000:3.7000:3.7000:3.7000:3.7000:3.7000:3.7000:3.7000:3.7000:4.0000
DPr		▷ DIFFPAIR5	100OHM_DIFF	4.0000:3.7000:3.7000:3.7000:3.7000:3.7000:3.7000:3.7000:3.7000:3.7000:3.7000:4.0000
DPr		▷ DIFFPAIR6	100OHM_DIFF	4.0000:3.7000:3.7000:3.7000:3.7000:3.7000:3.7000:3.7000:3.7000:3.7000:3.7000:4.0000
DPr		▷ DIFFPAIR7	100OHM_DIFF	4.0000:3.7000:3.7000:3.7000:3.7000:3.7000:3.7000:3.7000:3.7000:3.7000:3.7000:4.0000
DPr		▷ EXP_SATA_RX	100OHM_DIFF	4.0000:3.7000:3.7000:3.7000:3.7000:3.7000:3.7000:3.7000:3.7000:3.7000:3.7000:4.0000
DPr		▷ EXP_SATA_TX	100OHM_DIFF	4.0000:3.7000:3.7000:3.7000:3.7000:3.7000:3.7000:3.7000:3.7000:3.7000:3.7000:4.0000
DPr		▷ HDMI_TXC	100OHM_DIFF	4.0000:3.7000:3.7000:3.7000:3.7000:3.7000:3.7000:3.7000:3.7000:3.7000:3.7000:4.0000
DPr		▷ HDMI_TX0	100OHM_DIFF	4.0000:3.7000:3.7000:3.7000:3.7000:3.7000:3.7000:3.7000:3.7000:3.7000:3.7000:4.0000
DPr		▷ HDMI_TX1	100OHM_DIFF	4.0000:3.7000:3.7000:3.7000:3.7000:3.7000:3.7000:3.7000:3.7000:3.7000:3.7000:4.0000
DPr		▷ HDMI_TX2	100OHM_DIFF	4.0000:3.7000:3.7000:3.7000:3.7000:3.7000:3.7000:3.7000:3.7000:3.7000:3.7000:4.0000
DPr		▷ PCI_CONN_REF	100OHM_DIFF	4.0000:3.7000:3.7000:3.7000:3.7000:3.7000:3.7000:3.7000:3.7000:3.7000:3.7000:4.0000
DPr		▲ PUSB_RX0	90OHM_DIFF	5.0000:4.5000:4.5000:4.5000:4.5000:4.5000:4.5000:4.5000:4.5000:4.5000:4.5000:5.0000
XNet		PUSB_RXN0	90OHM_DIFF	5.0000:4.5000:4.5000:4.5000:4.5000:4.5000:4.5000:4.5000:4.5000:4.5000:4.5000:5.0000
XNet		PUSB_RXP0	90OHM_DIFF	5.0000:4.5000:4.5000:4.5000:4.5000:4.5000:4.5000:4.5000:4.5000:4.5000:4.5000:5.0000
DPr		▲ PUSB_TX0	90OHM_DIFF	5.0000:4.5000:4.5000:4.5000:4.5000:4.5000:4.5000:4.5000:4.5000:4.5000:4.5000:5.0000
XNet		PUSB_TXN0	90OHM_DIFF	5.0000:4.5000:4.5000:4.5000:4.5000:4.5000:4.5000:4.5000:4.5000:4.5000:4.5000:5.0000
XNet		PUSB_TXP0	90OHM_DIFF	5.0000:4.5000:4.5000:4.5000:4.5000:4.5000:4.5000:4.5000:4.5000:4.5000:4.5000:5.0000
DPr		▷ P0_TRD[0]	100OHM_DIFF	4.0000:3.7000:3.7000:3.7000:3.7000:3.7000:3.7000:3.7000:3.7000:3.7000:3.7000:4.0000

图 6.27　差分线对约束规则设置

PCIE 在底层扇出和布线，从 AM5728 连接到扩展插座，如图 6.28 所示。

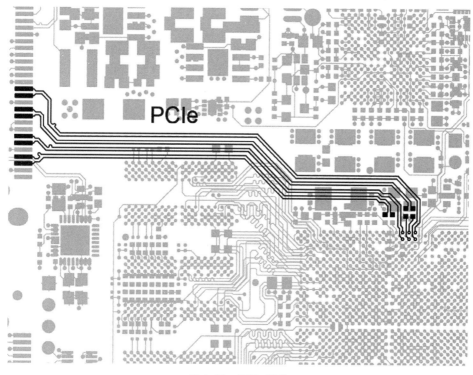

图 6.28　PCIe 布线

USB3 两对差分线对也在底层布线，从 AM5728 连接到 USB 3.0 Hub，如图 6.29 所示。

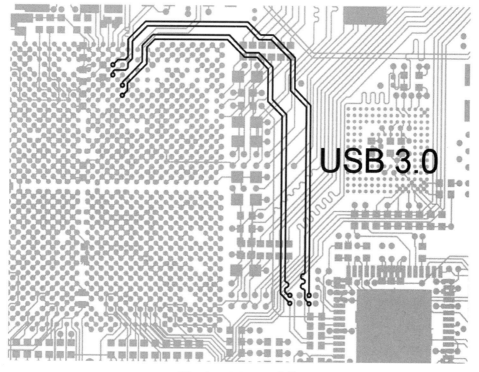

图 6.29　USB 3.0 布线

　　两个以太网接口和 SATA 接口的布线基本上在顶层完成,布线情况如图 6.30 和图 6.31
所示。

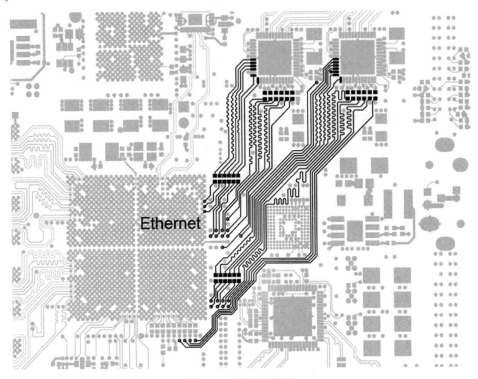

图 6.30　以太网布线

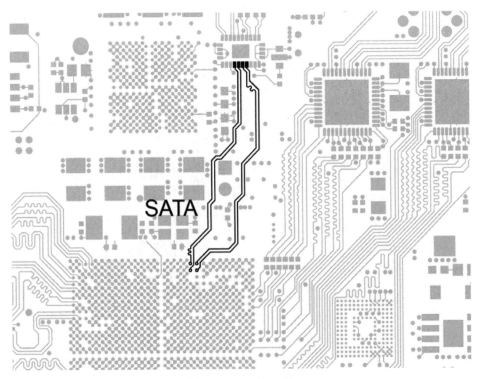

图 6.31　SATA 布线

eMMC 走线在内层的第 11 层完成,布线情况如图 6.32 所示。

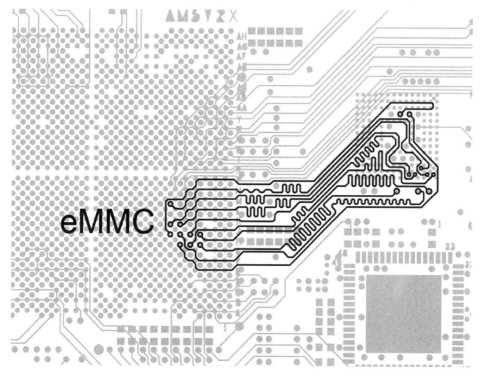

图 6.32　eMMC 布线

HDMI 四对差分线在内层第 3 层布线,如图 6.33 所示。

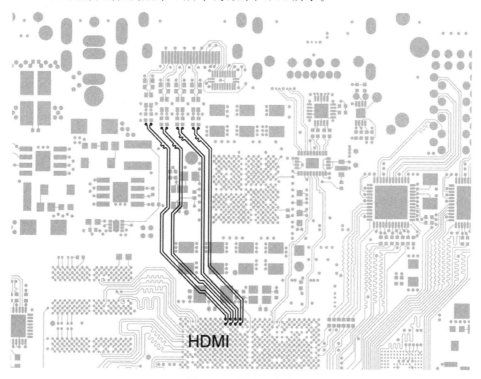

图 6.33　HDMI 布线

6.6.3　DDR3 布线

接下来对 DDR3 信号进行布线。将 DDR3 存储器芯片靠近 AM5728 的 DDR3 数据和地址等信号引出脚,可以使数据走线尽可能短。数据信号的引脚在 BGA 球栅阵列的外层,而地址、命令和控制信号的工作带宽是数据的一半,因此它们的路径可以更长一点,信号引脚在球栅阵列的内层。

1. 数据信号及相关控制信号走线

AM5728 与 4 片 DDR3L 芯片连接中,数据信号和控制信号是点对点的连线,因此大部分数据走线和控制信号差分对安排在顶层、底层和第三层,少量在其他内层。

图 6.34 显示了 Bank1 和 Bank 2 数据信号在顶层的布线情况。

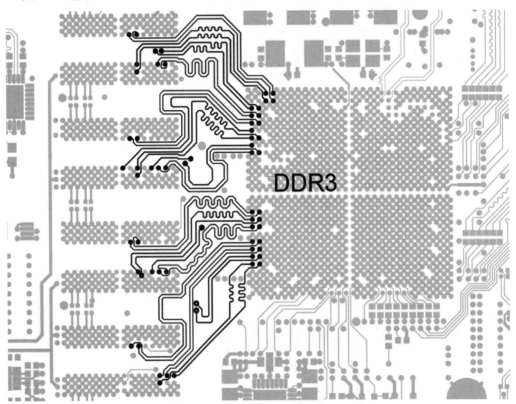

图 6.34　DDR3 顶层布线

在顶层的 Bank1 数据信号线:DDR1_D2、DDR1_D3、DDR1_D9、DDR1_D11、DDR1_D18、DDR1_D19、DDR1_D31、DDR1_D22、DDR1_D24、DDR1_D27。

以及几对差分控制信号线:DDR1_DQS0、DDR1_DQSN0、DDR1_DQS1、DDR1_DQSN1、DDR1_DQS2、DDR1_DQSN2。

在顶层的 Bank2 数据信号线:DDR2_D5、DDR2_D6、DDR2_D7、DDR2_D8、DDR2_D10、DDR2_D16、DDR2_D24、DDR2_D27。

以及几对差分控制信号线:DDR2_DQS0--DDR2_DQSN0、DDR2_DQS1--DDR2_DQSN1、DDR2_DQS2--DDR2_DQSN2、DDR2_DQS3--DDR2_DQSN3。

图 6.35 显示了 Bank1 和 Bank 2 数据信号在底层的布线。

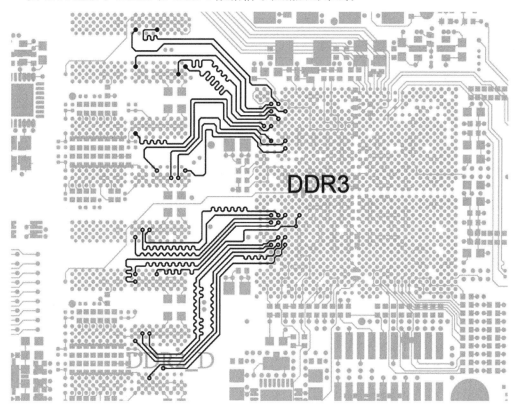

图 6.35　DDR3 底层布线

在底层的 Bank1 数据信号线：DDR1_D0、DDR1_D1、DDR1_D5、DDR1_D12、DDR1_D15、DDR1_D20、DDR1_D27、DDR1_D28、DDR1_D29。

控制信号线：DDR1_DQM2。

在底层的 Bank2 数据信号线：DDR2_D9、DDR2_D10、DDR2_D13、DDR2_D15、DDR2_D25、DDR2_D26、DDR2_D30、DDR2_D31。

控制信号线：DDR2_DQM3。

图 6.36 显示了 Bank1 和 Bank 2 数据信号在第三层的布线情况。

在第三层的 Bank1 数据信号走线：DDR1_D4、DDR1_D6、DDR1_D8、DDR1_D10、DDR1_D14、DDR1_D16、DDR1_D23、DDR1_D24、DDR1_D25、DDR1_D26、DDR1_D30。

控制信号线：DDR1_DQM1 DDR1_DQM3。

在第三层的 Bank2 数据信号走线：DDR2_D0、DDR2_D2、DDR2_D3、DDR2_D8、DDR2_D12、DDR2_D16、DDR2_D17、DDR2_D18、DDR2_D19、DDR2_D20、DDR2_D21、DDR2_D22、DDR2_D28。

控制信号线：DDR2_DQM1。

2. 地址、命令、控制和时钟信号走线

地址线需要连接两片 DDR3 芯片，因此采用菊花链的连接拓扑，布线在内层的第三层、第五层、第八层和第十层进行。

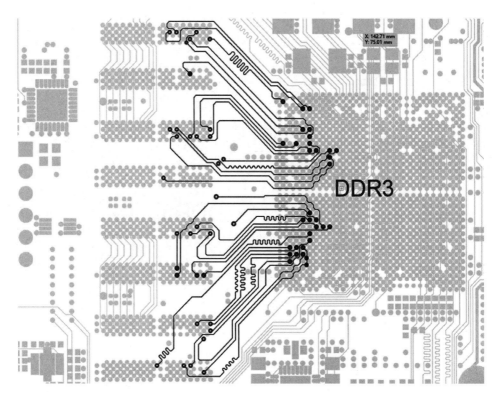

图 6.36　DDR3 L3 数据信号布线

图 6.37 显示 DDR3 地址线在第三层的布线情况。

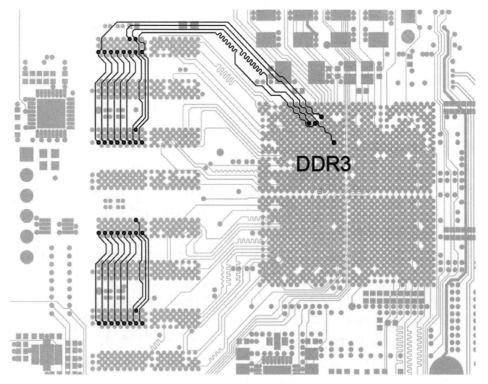

图 6.37　DDR3 L3 地址信号布线

地址线：DDR1_A13。

控制命令线：WAKEUP2、DDR1_ODT0、DDR1_RASN。

图6.38显示DDR3的地址线在第五层的布线情况。

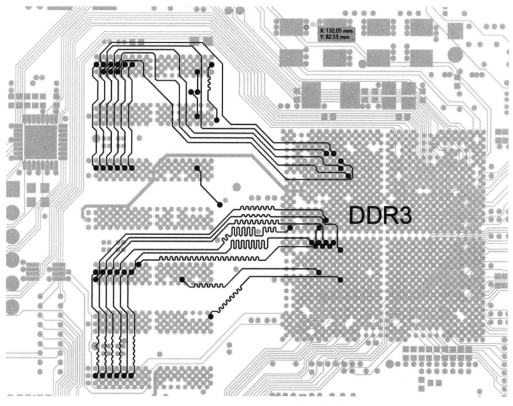

图6.38 DDR3 L5 地址信号布线

Bank1 地址信号线：DDR1_A0、DDR1_A3、DDR1_A7、DDR1_A9、DDR1_A12。

数据线：DDR1_D9、DDR1_D11、DDR1_D13、DDR1_D31。

Bank2 地址信号线：DDR2_A3、DDR2_A5、DDR2_A7、DDR2_A13。

控制线：DDR2_CSN0、DDR2_ODT0、DDR2_DQM2。

数据线：DDR2_D23。

第八层布线情况如图6.39所示。

Bank1 地址线：DDR1_A4、DDR1_A5、DDR1_A6、DDR1_A8、DDR1_A11。

控制线：DDR1_BA0、DDR1_BA1、DDR1_BA2、DDR1_CASN、DDR1_WEN、DDR1_CSN0、DDR1_RST。

Bank2 地址线：DDR2_A0、DDR2_A1、DDR2_A4、DDR2_A6、DDR2_A8、DDR2_A9、DDR2_A10、DDR2_A11、DDR2_A15。

控制线：DDR2_BA0、DDR2_BA2、DDR2_WEN、DDR2_CASN、DDR2_RASN、DDR2_RST。

图6.40是在第10层的布线。

Bank1 地址线：DDR1_A1、DDR1_A10、DDR1_A12、DDR1_A14、DDR1_A15。

时钟差分线对：DDR1_CLK0 -- DDR1_CLK0N。

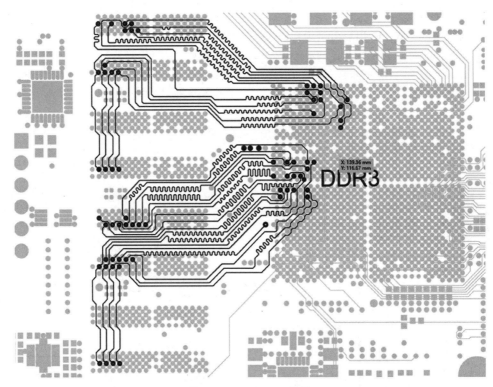

图 6.39　DDR3 L8 布线

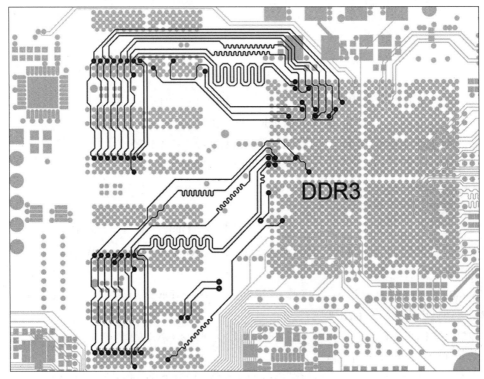

图 6.40　DDR3 L10 布线

控制线：DDR1_CKE、DDR1_DQM0。

数据线：DDR1_D13、DDR1_D7。

Bank2 地址线：DDR2_A12、DDR2_A14。

时钟差分线对：DDR2_CLK0 -- DDR2_CLK0N。

控制线：DDR2_BA1、DDR2_CKE。

数据线：DDR1_D14。

6.7　地平面和电源平面

BeagleBoard-X15 开发板 12 层 PCB 中，第 2、4、9、11 层共 4 层为地平面层。4 层地平面铜箔几何形状完全相同，除了在第 9 层有信号走线，少量铜箔被挖空。图 6.41 为第 2 层的地平面版图。

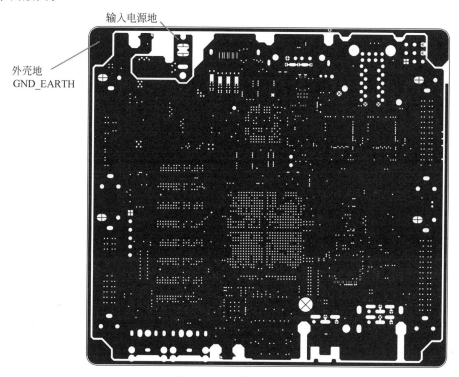

图 6.41　地平面分割

地平面层分割为三块：PCB 边沿切割出细长的铜箔环绕四周，用于所有输入输出插座外壳接地，这个外壳地可以接大地，防止触电和释放静电 ESD 放电干扰。

电源输入插座附近，切割出一块输入电源地。输入电源和地与系统电源和地平面以磁珠隔离（见图 6.42），滤除可能从外接电源传导进来的共模噪声。

地平面最重要的是要保持完整性，尽量不切割或挖空，切割地之间不要重叠。BeagleBoard-X15 开发板电路就是采用的统一地的方案，四个地平面都做到了统一不分割，地平面相当完整。

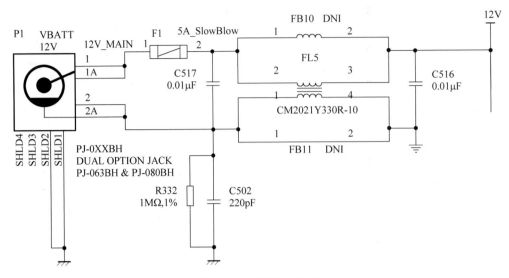

图 6.42　电源输入电路

电源平面的处理设计中占有很重要的位置,是决定 PCB 设计能否成功的要素之一。首先应该考虑切割后铜箔的载流能力,宽度是否足够。其次是电源的路径应该尽量短,以减小阻抗导致的电源压降。平面分割一般以多边形为主。

12 层 PCB 中对称结构的第 6、7 层为电源平面,其中第 6 层电源平面分割为多个电源轨,具体分割方案如图 6.43 所示。

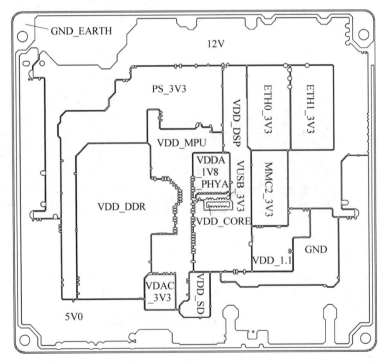

图 6.43　L6 电源平面分割

第 7 层电源平面分割如图 6.44 所示。

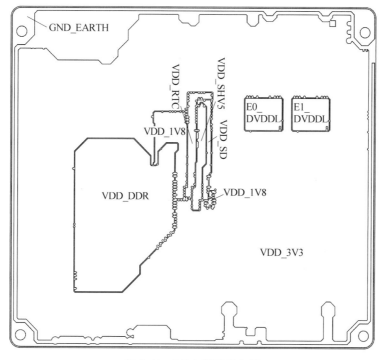

图 6.44　L7 电源平面分割

多个分割电源平面分别位于相应电路的下方,例如 VDD_DDR 是 DDR3 芯片的电源,它位于 4 片芯片的下方,铜箔面积覆盖 DDR3 芯片和相关走线,以及一部分 AM5728 芯片走线。

电源平面铜箔分割的缝隙要尽量小,在图中的分割方案中,间隙仅为 10mil。

如果说 BeagleBoard-X15 PCB 的电源平面分割有什么缺点的话,就是两层电源平面分割后,电源平面有相互重叠,不同电源轨之间的噪声耦合稍大,而且两个电源平面离地平面距离较远,无法形成较大的平面电容来改善电源完整性。好在第 6、第 7 层中间的板芯一般比较厚,电源噪声耦合可能并不严重。

PCB 设计中确保为高速元件提供稳定的电源至关重要,电源完整性问题往往表现为信号完整性问题,例如瞬态变化电流产生电源、地噪声和强烈的电磁辐射,在信号线上产生干扰。为确保稳定的电源传输,应使用一组去耦电容,以确保电源分配网络在尽可能宽的带宽内具有低阻抗。

去耦电容的摆放应该尽量靠近芯片的电源引脚,以减小回路电感。以 BGA 封装的 AM5728 为例,它的多个电源轨都配备了数量不等的去耦电容,如图 6.45 所示。在 PCB 上它们都放置在底层,芯片的正下方和芯片四周,如图 6.46 所示。

经过上述章节的介绍,相信读者对 BeagleBoard-X15 开发板 PCB 的设计有了一定的了解。由于篇幅和文字、图片描述能力的限制,无法对每一条 PCB 走线、铺铜的布线过程做出精确描述。建议读者下载本书配套资源包,找到 BeagleBoard-X15 的电路原理图和 PCB 设计文件,用 Cadence Allegro 软件打开,查看详细的设计细节。

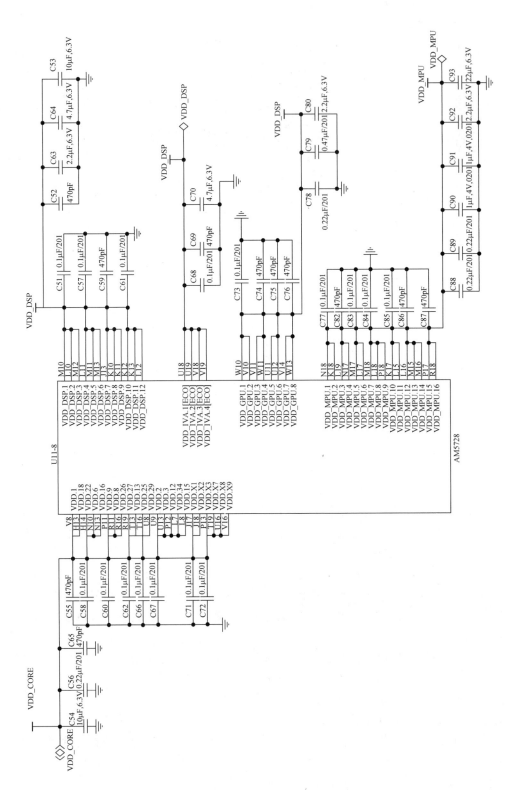

图6.45 AM5728 电源的去耦电容

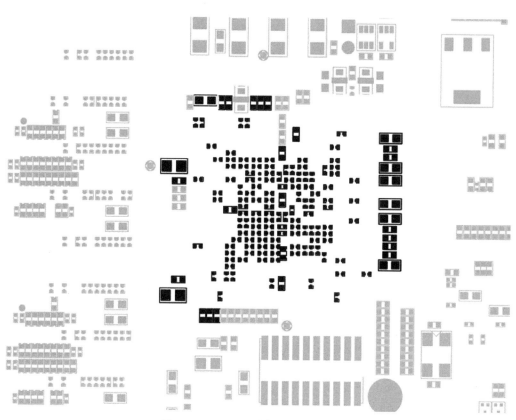

图 6.46 AM5728 去耦电容 PCB 布局